总主编　褚君浩

漫游星空

汪诘　刘菲桐　著

Roaming the Universe

上海教育出版社
SHANGHAI EDUCATIONAL
PUBLISHING HOUSE

丛书编委会

主　任　褚君浩

副主任　范蔚文　张文宏

总策划　刘　芳　张安庆

主创团队（以姓氏笔画为序）

王张华　王晓萍　王新宇　龙　华　白宏伟　朱东来

刘菲桐　李桂琴　吴瑞龙　汪　诘　汪东旭　张文宏

茅华荣　徐清扬　黄　翔　崔　猛　鲁　婧　褚君浩

编辑团队

严　岷　刘　芳　公雯雯　周琛溢　茶文琼　袁　玲

章琢之　陆　弦　周　吉

科学就是力量，推动经济社会发展。

从小学习科学知识、掌握科学方法、培养科学精神，将主导青少年一生的发展。

生命、物质、能量、信息、天地、海洋、宇宙，大自然的奥秘绚丽多彩。

人类社会经历了从机械化、电气化、信息化到当今的智能化时代。

科学技术、社会经济在蓬勃发展，时代在向你召唤，你准备好了吗？

"科学起跑线"丛书将引领你在科技的海洋中遨游，去欣赏宇宙之壮美，去感悟自然之规律，去体验技术之强大，从而开发你的聪明才智，激发你的创新动力！

这里要强调的是，在成长的过程中，你不仅要得到金子、得到知识，还要拥有点石成金的手指以及金子般的心灵，也就是培养一种方法、一种精神。对青少年来说，要培养科技创新素养，我认为八个字非常重要——勤奋、好奇、渐进、远志。勤奋就是要刻苦踏实；好奇就是要热爱科学、寻根究底；渐进就是要循序渐进、积累创新；远志就是要树立远大的志向。总之，青少年要培育飞翔的潜能，而培育飞翔的潜能有一个秘诀，那就是练就健康体魄、汲取外界养料、凝聚驱动力量、修炼内在素质、融入时代潮流。

本丛书正是以培养青少年的科技创新素养为宗旨，涵盖了生命起源、物质世界、宇宙起源、人工智能应用、机器人、无人驾驶、智能制造、航海科学、宇宙科学、人类与传染病、生命与健康等丰富的内容。让读者通过透视日常生活所见、天地自然现象、前沿科学技术，掌握科学知识，激发探究科学的兴趣，培育科学观念和科学精神，形成科学思维的习惯；从小认识到世界是物质的、物质是运动的、事物是发展的、运动和发展的规律是可以掌握的、掌握的规律是可以为人类服务的，以及人类将不断地从必然王国向自由王国发展，实现稳步的可持续发展。

本丛书在科普中育人，通过介绍现代科学技术知识和科学家故事等内容，传播科学精神、科学方法、科学思想；在展现科学发现与技术发明成果的同时，展现这一过程中的曲折、争论；通过提出一些问题和设置动手操作环节，激发读者的好奇心，培养他们的实践能力。本丛书在编写上，充分考虑青少年的认知特点与阅读需求，保证科学的学习梯度；在语言上，尽量简洁流畅，生动活泼，力求做到科学性、知识性、趣味性、教育性相统一。

本丛书既可作为中小学生课外科普读物，也可为相关学科教师提供教学素材，更可以为所有感兴趣的读者提供科普精神食粮。

"科学起跑线"丛书，将带领你奔向科学的殿堂，奔向美好的未来！

褚君浩

中国科学院院士

2020 年 7 月

写给未来探险家的你：

　　你好，勇敢的探险家！

　　请允许我邀请你，做一次时空旅行。旅程的起点，就在此刻——当你抬头仰望，看见第一颗星辰的那个瞬间。那束穿越了亿万千米、历经了千万年岁月的古老光芒，悄无声息地抵达你的眼底。它不仅点亮了夜空，也点燃了人类文明中那束名为"好奇"的火种。

　　这束火种，引领我们走过了一条漫长而曲折的探索之路。

　　这条路充满了怀疑与颠覆。曾有两千年的时光，我们深信自己脚下的大地是宇宙的中心，平坦而安稳。直到 482 年前，哥白尼的笔尖轻轻一画，就撬动了整个宇宙的秩序，尽管当时迎接他的是无尽的质疑。

　　这条路也充满了惊喜与赞叹。416 年前，当伽利略第一次将他改良的望远镜对准月亮，目睹了那片并非完美无瑕、布满坑洼的土地时，他内心的震撼，或许不亚于我们今天亲眼见到外星访客。仅仅 166 年前，一场剧烈的太阳磁暴，让地球上演了全球范围的极光秀，也让刚刚萌芽的电报系统陷入瘫痪，人类领教了"天威"的真实含义。

　　这条路更是充满了争论与求索。105 年前，天文学家们还在为银河系的真实大小而争得面红耳赤；98 年前，"宇宙大爆炸"还只是一个不被看好的冷门假说；仅仅 48 年前，两个孤独的人造探测器，像勇敢的信使，替我们叩开了巨行星世界的大门。而就在离我们不远的 2024 年，中国的"嫦娥六号"从月球最古老、最神秘的背面，为我们捧回了一份崭新的月壤。

　　人类对宇宙的认知，就是这样一部由无数真实故事构成的史诗。在这本书里，你找不到百科全书式的知识堆砌，也没有让人望而生畏的枯燥术语。我们想做的，是邀请你回到那些伟大的历史现场，去亲历每一个激动人心或影响深远的事件。你会发现，宇宙的真相就像一幅无比复杂的拼图，一代又一代的探索者，凭借严谨的科学态度、确凿的证据和永不熄灭的热情，将它一块块拼凑出来。而更激动人心的是，这幅拼图远未完成。

我们希望书中的每一个故事都是鲜活的，它们不仅能解答你心中的疑问，更能激发你对未知世界最原始的好奇心。因为我们坚信，每一位青少年都是天生的探险家，而这份探索精神，正是推动人类文明不断前行的核心动力。

为此，我们为你规划了这样一条漫游路线：

第一章，我们将从最熟悉的地球、月球和太阳开始，穿梭时空，去倾听古希腊人和中国古人对天地的浪漫猜想，去感受伽利略、卡林顿等科学巨匠的惊人发现，直至亲历人类首次登月的壮举与探日的冒险。

第二章，我们将深入太阳系。在这里，你将见证"日心说"如何掀起一场思想革命。随后，我们将跟随"旅行者号"的轨迹，开启一场壮丽的行星际穿越，飞越木星的风暴、土星的光环，最终抵达太阳系的寒冷边疆。

第三章，漫游银河。你会听到关于璀璨银河的古老传说，也会看到哈勃如何用一架望远镜彻底改变了我们对宇宙尺度的认知。我们将一同探索我们所在的这座"星系岛屿"的秘密。

第四章，我们一起叩问宇宙。旅程的最后一站，我们将把目光投向最深邃的远方。从古人对宇宙起源的哲学思辨，到科学家们发现宇宙正在膨胀的惊人事实，再到哈勃深空场那张震撼心灵的照片……这些故事将带你领略宇宙的极致宏伟与神秘。

现在，旅程即将开始。请收好这份星图，带上你无穷的好奇心。宇宙浩瀚，而你的时代才刚刚启航。

汪诘　刘菲桐

2025 年 3 月

目录

我们的家园：地、月、日系统

1519 年 9 月 20 日，探险家费迪南德·麦哲伦（Fernão de Magalhães，约 1480—1521）从西班牙的圣罗卡港扬帆起航。他站在特里尼达号的船头，望着无垠的蔚蓝大海，心中燃烧着对未知世界的无限向往：寻找一条通往遥远印度尼西亚香料群岛的黄金水道，那里藏着无限的芬芳与财富。

麦哲伦率领着 5 艘船和 265 名船员，开始了这段非同寻常的征程。他们沿着南美洲的东海岸缓缓航行，不辞辛苦地寻找着通往太平洋的海峡——这个从未有人发现的秘密通道。

终于，在 1520 年 10 月 21 日这一天，他们的努力得到了回报。麦哲伦发现了那条后来以他名字命名的海峡——麦哲伦海峡。它就像大自然的杰作，将火地岛与大陆温柔地分隔开来。只有三艘船进入了这个海峡；另两艘中一艘已经失事，另一艘则抛弃了探险队。他们历经 38 天的艰难航行，终于穿越了这片海峡。当第一缕来自太平洋的微风拂过脸庞时，麦哲伦的眼中泛起了激动的泪光："前方就是未知的海域，我们正在书写历史！"

麦哲伦成了第一个从大西洋到达太平洋的欧洲探险家。不幸的是，麦哲伦本人并未完成整个航程，他在菲律宾群岛的一次部落冲突中丧生。但他的船队继续前行，其中一艘名为"维多利亚号"的船只，在经历了无数艰难险阻之后，终于在 1522 年 9 月回到了西班牙港口，完成了人类历史上第一次环球航行。

麦哲伦的环球航行不仅是一场商业上的冒险，更是一次震撼人心的地理大发现。它让人们对地球的形状有了更清晰的认知。

那么，你是否好奇过，在麦哲伦之前，人们是如何想象地球形状的？

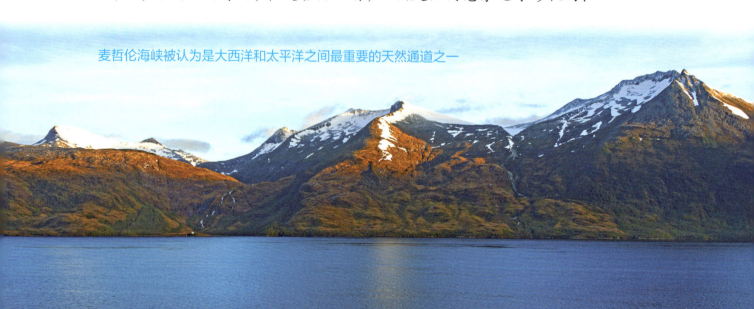

麦哲伦海峡被认为是大西洋和太平洋之间最重要的天然通道之一

地球不是平的！人类如何了解生存万年的家园

1901 年，希腊安提基特拉岛附近，一群勇敢的潜水员正为寻找天然海绵而潜入蔚蓝的海底。他们如同鱼儿般自由穿梭，在水下探索着自然的宝藏。突然，一位潜水员发现了异常，他慌乱地做出手势，示意同伴们聚集过来——海底竟然有一艘神秘的沉船。

在这艘沉船的残骸中，他们发现了一尊尊斑驳陆离的古代雕像，还有一块像辞典一样的奇怪"石头"。这些珍贵的发现被人们小心翼翼地带回了陆地。经过深入的研究，人们震惊地发现：这块"石头"来自 2 000 多年前的古希腊，在"石头"的内部，还有几十个硬币大小的齿轮，都是用青铜做的！

后来，人们终于揭开了这件神秘"石头"的真面目：这是古希腊人为了计算天体位置而制造的机器，轻轻旋转把手，齿轮便咯吱咯吱转动起来，显示日食、月食等天文现象发生的时间。人们给这台古老而精巧的装置起名为"安提基特拉机械"。

2 000 多年前的人类能预测日食？

没错，这是一个很长的故事……

第一个认为地球是球形的人

古希腊人普遍认为地球是平的，并非他们缺乏智慧，而是因为这一观点与他们的日常生活经验相符。在那个时代，人们的活动范围相对狭窄，日常观察到的环境大多是平坦的土地和开阔的天空，行走在地面上，感觉不到任何弯曲。"地球是平的"这一观点是基于经验主义的合理推理。毕达哥拉斯虽然提出了地球是球形的理论，但当时缺乏足够的证据。科学是离不开观察与证据的！

很久很久以前，在环绕着爱琴海的那片土地上，生活着一群古希腊人。在这群古希腊人里，一个名叫毕达哥拉斯（Pythagoras，前580至前570之间—约前500）的人格外引人注意。他是那个时代著名的哲学家、数学家，受到了许多人的敬仰。

一直以来，人们普遍觉得我们的地球是平的——我们每天都走在平平整整的路上，地球应该就是一个平整整、光溜溜的大盘子，天空就是个倒扣着的大锅盖。

但这一天，他却灵光一现："我们的地球应该是个球，不是平的！"

这可让同时代的小伙伴大惊失色："怎么可能？如果我们每天都踩在圆卜隆冬的球上，走着走着，不就会咕噜一声，滚下去！"

毕达哥拉斯赶紧解释："你瞧，太阳是圆的，月亮是圆的，小水滴也是圆的，圆圆的球形就是和谐、完美的化身，地球当然也不例外。不过，放心，你不会滚下去的，因为这个球实在太大了，你怎么走也走不到边。"

大家松了一口气，但对毕达哥拉斯的话半信半疑，他们偷偷想：地球一定是完美的球形？好像有点道理，但好像少了点什么……对，少了点儿证据！

没有证据，怎么让大家完全信服呢？

有证据了！

时间来到毕达哥拉斯去世 100 多年后……一天，又一个名叫亚里士多德（Aristotle，前 384—前 322）的哲学家站出来了。他高声疾呼："地球是一个球体！"

一堆孩子嘿嘿地笑："100 多年前就有人这么说了。"

亚里士多德也不生气，他淡定地笑了笑："你们说的是毕达哥拉斯前辈吧？我也非常敬重他，但我与他有些不一样，我是有证据的。"

证据？这是什么意思？孩子们不太明白。他们认真地竖着耳朵，等着听亚里士多德到底想说什么。

"当帆船离开港口，向远方驶去，你们有没有仔细观察过它是如何消失的？最先消失的，是船的船身，然后是高高的桅杆，最后才完全消失在地平线之下。这是因为地球本身是弯曲的……"

"它，它掉到地球的另一边去了……好可怕。"一个孩子吓得捂住眼睛。

"不不不，船没有掉下去。在船员眼中，海面还是平的。放心吧，我们的地球是一个非常非常大的球，不会让我们有'掉下去'的感觉。"

孩子们若有所思地点了点头。亚里士多德继续说："还有，你们见过月食吗？月食的时候，月亮会被一个黑漆漆的阴影遮住，阴影越来越大，像一张嘴要把月亮吞没。那个阴影，就是地球的影子，不正是圆圆的形状。"

孩子们回忆起自己曾看过的月食，一边点头，一边兴奋地给亚里士多德鼓掌叫好。亚里士多德也很高兴，终于有一批人相信他的证据，认为地球是个球体了。

海上的帆船越行越远，最后消失在地平线

一次完整的月食

月食就像一场天体间的"舞会"，当地球站在太阳和月球之间时，地球的阴影悄悄地投射到月球上。

足不出户测量地球周长

公元前276年，一位亚里士多德思想的拥护者——埃拉托色尼（Eratosthenes of Cyrene，约前276—前194）出生了。在他出生的那个时代，希腊的哲学家们已经开始相信，我们生活的世界，包括地球、星空，都可以用自然过程来解释，而不是一股脑地归咎于神。

长大以后，埃拉托色尼做了亚历山大图书馆的首席图书管理员，同时，他也是一个狂热的地理迷，做梦都想画出一张完美的世界地图。但要想画地图，首先要知道地球有多大。这可难坏了他：难不成要自己一寸土地、一寸土地去测量吗？

这一天，他像往常一样，皱着眉头思考着这个难题。突然，一些旅行者经过，他们饶有兴致地谈论着什么，吸引了埃拉托色尼的注意。

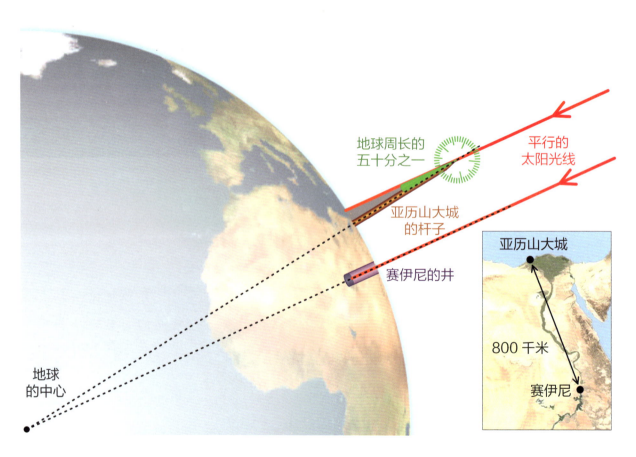

埃拉托色尼计算地球周长的原理（版权：cmglee, David Monniaux, jimht at shaw dot ca, CC BY-SA 4.0）

"听说了吗？赛伊尼那里有一口特别有意思的井。"

"一口井能多有意思啊？"

"这你就有所不知了，在6月21日夏至这天的中午，太阳光会直直地从井口照到井底，一丝阴影都没有——太阳就在井的正上方！现在这口井都成景点了！"

说者无意，听者有心，旅行者们走了，埃拉托色尼却呆呆地愣在那里，像被击中了一样：线索……线索找到了！

那天过后，埃拉托色尼就盼星星盼月亮似地等着6月21日的到来。终于，时间来到6月21日，他可以开始测量地球了。他的测量方法有点怪：在地上插一根棍子。没错，就靠一根棍子！

等到中午，太阳最高的时候，他撅起屁股，趴在地上测量棍子影子的长度，然后在纸上把棍子的顶点和影子的端点连上一条线，算出这个影子的夹角（配图中绿色的角），大概是7度，也就是一整个圆（360度）的1/50。

同样是6月21日正午，在赛伊尼没有影子（360度），在亚历山大城，影子却有7度的夹角，足足有50倍的差距！这意味着地球的周长正是从赛伊尼到亚历山大城距离的约50倍！于是，在几个专业测量师的帮助下，埃拉托色尼轻松地得出地球的周长是25.2万希腊里（古希腊的长度单位，也叫"斯特迪亚"），约相当于现在的40 000千米。

没错，两千年前，一个人仅用一根棍子和他的大脑，就完成了这样伟大的工作。

最新的研究数据表明，地球赤道周长为40 075.017千米，而绕两极测得的周长则为40 007.863千米。

对比一下，你会发现埃拉托色尼在公元前3世纪的测量数据竟然与今天的数据如此接近！

太阳绕着地球转？

那么，古希腊人又是怎么认识我们头顶的太阳和月亮？如果你是生活在古希腊的一名小学生，那么，你很有可能会受到这样的教育……

"咳咳，打起精神，上课了！今天我们来学习太阳和月亮。每天早上，太阳升起，给我们带来光明；每天晚上，太阳落下，光明随之消失。太阳运转的路线，就是一个像水滴一样圆溜溜的正圆，每一天，太阳都绕着地球旋转一圈。我们伟大的地球，就在正圆的圆心上。"

"那月亮呢？"大家问。

"和太阳一样，月亮也是绕着地球旋转。"

同学们边听边点头，他们满意极了——地球是宇宙的中心，太阳、月亮和其他行星每天绕着地球转来转去。好一个和谐的世界呀！

没错，在很长一段时间里，这就是古希腊人眼中的地、日、月。当然，这只是一个非常笼统、粗糙的说法。古希腊人在这个粗糙的"地基"上修修补补，用两个强大的工具给它添砖加瓦，把古希腊的天文学理论修建得像宫殿一样雄伟。

这两个工具是什么？——观测、几何学。

天文学家依巴谷（Hipparchus，约前190—前125）就是这两个工具的忠实"用户"。关于依巴谷的资料非常少，但可以肯定他小时候绝对是一个非常热爱天文的少年。因为他成年以后，把大量的时间花在罗得岛的天文观测上。

每一天，他都仔仔细细地测量着影子的长短，然后一笔一画地记在他的小本子上。一年里面，影子有时变长，有时变短，这些大大小小的数字，就是来自太阳的"密码"。依巴谷惊奇地发现，一年中四季的天数是不同的，秋天最短，是88.125天，冬天是90.125天，春天最长，是94.5天，夏天是92.5天。为什么会这样呢？

依巴谷苦恼地在地上画了一个圆，当作太阳的轨迹；又点上圆心，当作地球。看着看着，他突然想到：如果地球不在圆心上呢？他把圆心往旁边挪了挪，神奇的事情发生了：修改后的几何模型能对应观测结果了！

有了更准确的新模型，人们甚至可以算出太阳在一年中任意一天的轨迹位置！就这样，依巴谷继续他的观测工作，只要模型和观测数据对不上，他就马上修改模型。终于，模型越来越复杂，也越来越准确……他把相关成果写进一本书，名叫《论大小与距离》。这本书就像是地球、太阳、月亮的地理手册，可以估计太阳与地球的距离，还可以预测日食和月食。

如何寻找季节变化的临界点？

如果你仔细观察一棵树的影子在一年中的变化，你会发现每天同一时间影子的长短是不一样的。从夏至到冬至，从冬至到夏至，总是逐渐变长再逐渐变短，而由最长点变短、由最短点变长的那个时刻正是冬、夏季节变化的分界点。当然，如果你详细记录每天太阳升起的时间，也可以找到季节变化的临界点。

持续 1500 年之久的天文学教科书

大约在公元 90 年，古希腊最著名的天文学家，大名鼎鼎的托勒密（Claudius Ptolemaeus，约 90—168）诞生了。与依巴谷一样，托勒密也是既勤奋又聪慧。他一边研读着依巴谷等前辈的著作，一边哼哧哼哧地搞观测，一心扑在天文研究上。读的书越多，观测的时间越久，他内心的冲动也越强烈：我要总结前人的理论，然后结合翔实的观测数据，完成一部最牛的天文学著作。

时间缓慢地流逝，他笔下地球、太阳、月亮和其他行星、恒星的轨迹越来越复杂。如果你走进他的房间，看到他散落在桌上的草稿，估计会皱起眉头："大圈套小圈的，还有这么多数字，这到底是什么呀？"

别急，你现在看不懂是正常的。

托勒密可能会这样笑眯眯地回答你："这是我精心设计的天体运转轨迹图。每一个圆，看着普通，但实际上它们的大小、角度、速度都是经过精心计算的。"

他看那些图纸的眼神，就像父亲看着自己亲爱的女儿，那样温柔，那样珍视。

但是，一旦发现他根据图纸预测的天象和观测到的不一样，他又会毫不犹豫地做出修改，就像父亲严格地训斥自己的孩子，耐心地调整各种参数。

就这样，一直到托勒密的晚年，耗费了他一生心血的巨著《天文学大成》终于完成了。

这本厚厚的大书一共 13 卷，其中第 3 到第 6 卷，写着太阳运动、月亮运动、推算月

漫游星空

托勒密的画像（公共版权）

地距离和日地距离、日月食计算的内容，能准确地预报日食、月食，误差仅在 1 个小时之内！

这本著作代表了古希腊天文学的最高成就，正式确立了地心说宇宙模型。在接下来的 1 500 年里，它成了无数小朋友的天文学教科书。

可能你会想：这跟我们现在学习的知识不一样啊。地球不是宇宙的中心，太阳不是绕着地球转……这本写着错误知识的书，曾经误导了多少人呀。

我想告诉你的是：地心说并不算完全错误，在古代，这个理论依然是好用的。托勒密的观测一丝不苟，他创作的几何学模型精度极高。多少个世纪以来，水手和航海家想要知道太阳、月亮、星星的位置时，都会将《天文学大成》作为他们的星星地图。这难道不是人类智慧的伟大胜利吗？

托勒密地心说的天文模型，地球位于中央（版权：S. PerquinS, 4.0）

地球　月球　水星　金星　太阳　火星　木星　土星

"地如蛋中黄"

那么，中国古人是如何看待地球、太阳、月亮的？事实上，一直到明清时期，中国最主流的思想始终认为天圆地平，所有的天体都绕着地球转——包括太阳、月亮。

最著名的思想就是浑天说。有一位著名的天文学家张衡，在他的著作里郑重地写道："浑天如鸡子，地如鸡[子]中黄，孤居于天内，天大而地小。"

眼尖的你是否会立刻发现："哦？地如鸡中黄？难道是张衡已经发现地球是球形的？就像圆圆的蛋黄一样？"

不不不，可别误会。它只是在说，地球处在天地的中央，就像蛋黄在鸡蛋的中央一样。

其实，浑天说是一种理论上的猜想，与毕达哥拉斯的猜想在本质上是一样的。它缺乏证据，也缺乏观测数据的支持，是从最感性的体验中得来，然后用大脑思考出来的理论。

当然，中国对于太阳、月亮的认识远不止浑天说，还有非常翔实的观测记录。我国的历法世界闻名，两千年来，历朝历代的天文学家们都详细地记录了太阳、月亮的变化，尤其是日食、月食这些不常见的现象。在观测记录上，中国绝对走在世界的前列。

我国的二十四节气

很久以前，我们的祖先虽然没有现代的钟表和日历，但他们能够感知四季变化、风雨更替，知道何时播种和收获。这是因为他们创造了二十四节气。

我国的星象文化源远流长，古人很早就开始探索宇宙的奥秘，发展出一套深奥的观星文化。二十四节气就是根据太阳在黄道上的位置变化来划分的，反映自然界的节律。它们分别为：立春、雨水、惊蛰、春分、清明、谷雨、立夏、小满、芒种、夏至、小暑、大暑、立秋、处暑、白露、秋分、寒露、霜降、立冬、小雪、大雪、冬至、小寒、大寒。

还有一首朗朗上口的节气歌：

春雨惊春清谷天，

夏满芒夏暑相连。

秋处露秋寒霜降，

冬雪雪冬小大寒。

这些节气是古代农耕文明的结晶，在传统农业社会中扮演着重要角色。它们巧妙地结合了天文、农事、物候和民俗，为人们的日常生活提供了特别实用的指导。例如，立春时节，天气逐渐回暖，万物复苏，农民可以开始准备春耕；而雨水时节则意味着降水量逐渐增加，春雨润泽大地，这是播种的最佳时机。

 想一想

如果你是我国古代的一位天文学家，你会如何证明地球是球形的？你会使用哪些证据或实验来支持你的观点？

知识卡

1. 地球的形状

　　地球是球形的，这一点最早由古希腊哲学家毕达哥拉斯提出，并由亚里士多德提供了证据。

2. 地球的周长

　　古希腊地理学家埃拉托色尼巧妙地计算出地球的周长，展示了古代科学的智慧。

3. 地心说的提出

　　托勒密的《天文学大成》确立了地心说，尽管这一理论后来被推翻，但对天文学的发展产生了深远影响。

从伽利略到"阿波罗":
人类如何走近月球

　　1608 年 10 月的一天，一位荷兰的眼镜商来到政府大厅，野心勃勃地申请一项专利。他拿着一个长筒状的新奇玩意儿，自信地宣称这个装置可以把"非常远处的任何东西，看起来就像在近旁一样"。荷兰的官员们研究了几天，最后委婉地回绝了他："抱歉，您的发明虽然很有用，但太容易被模仿了。"

　　官员们可没说错：这东西非常容易被模仿——因为它实在太简单了！在一根长管子里，放一块凸透镜，再放一块凹透镜，就能把东西放大三四倍。

　　眼镜商颇为失望地跑回家，然而这个消息却很快传了出去。人们对新发明充满了好奇，类似的商品迅速风靡街头巷尾。很快，这一创意从荷兰传到巴黎，又从巴黎传到意大利。在意大利，一位名叫伽利略（Galileo Galilei, 1564—1642）的大学教授对这个发明产生了浓厚的兴趣。

于 1636 年画的伽利略肖像（公共版权）

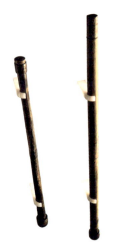

由伽利略亲手制作的原版望远镜，主筒两端分别安装着独立的物镜和目镜筒。镜筒由木条精心连接而成，外面覆盖着红色皮革，但随着时间的推移已经变成了棕色。（版权：aiva. CC BY 2.0.）

光顾眼镜店的大忙人

1609 年，45 岁的伽利略正在帕多瓦大学教数学，一边上课，一边为了赚钱忙得团团转。没办法，他要养活嗷嗷待哺的三个孩子，还要替去世的爸爸照顾弟弟妹妹，开销大得很。

这一天，伽利略迈着匆匆的步伐来到一家眼镜店。老板立刻迎了上去，满脸堆笑地问："请问您要买什么眼镜？是近视镜，还是老花镜？"

"都不是，我想要一块凸透镜片和一块凹透镜片。"伽利略说道。

老板立刻明白了："哦，您是要做荷兰人发明的那种长镜吧？"

伽利略有点吃惊："您怎么知道的？"

老板笑了笑："最近不买眼镜只买镜片的人可多了，都是做这玩意儿的！"

伽利略有点尴尬地挠挠头："哎，看来自己已经落后了呀！"他迅速地买好镜片，回到家里，当天晚上就开始呼哧呼哧地组装起来。

他拿出一根铅管，小心翼翼地把两块透镜装进铅管的两端，快速组装好了望远镜。然后，他把眼睛靠近凹透镜的一端，对准窗外的树枝望去，果然树枝被放大了！但仅能放大三倍的效果让伽利略非常不满意。

接下来的几个月，他自学磨制和抛光技术，用不太趁手的工具一点点打磨玻璃，不断思考能让放大倍数更高的方法。

终于，到 1609 年 8 月底，他成功造出了能放大八九倍的望远镜；到 11 月，他造出了能放大 20 倍的望远镜！这远远超过了同时代的其他人。伽利略美滋滋地琢磨：这全世界唯一一架能放大 20 倍的望远镜，拿来看什么好呢？

月亮竟然长这样！

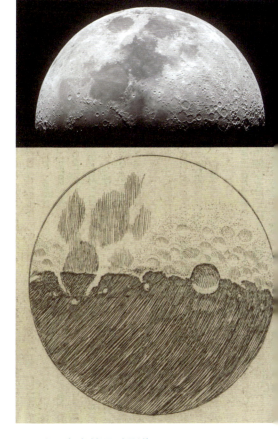

上：真实的月球影像
下：伽利略画下的月球图，清晰地显示了月球的细节（公共版权）

这天晚上，伽利略把望远镜对准了天上的月亮。突然，他的心脏剧烈跳动起来——要知道，他是人类中第一个看到放大 20 倍月亮的人啊！此时他的惊讶，就跟看到一只有两个头的猩猩差不多。

伽利略到底看到了什么？

小小的目镜里，熟悉的月亮变得无比陌生：这是一个荒凉的世界，没有一丝光滑的地方，到处都是粗糙的、坑坑洼洼的。光明与黑暗的那道分界线，也变得无比清晰——但竟然不是一条流畅的曲线，相反，异常崎岖。

为什么伽利略会这么震惊呢？因为在流传千年的宇宙观里，天界是完美无瑕的，像月亮这样的天体是完全光滑的！

"这……这一定会惊掉所有人的下巴。"

伽利略兴奋地意识到，这绝对是一个划时代的发现！他一会儿激动地在房间里走来走去，一会儿拿起望远镜盯看月亮。这注定是一个不眠之夜了。

后来，他这样描述这个难忘的夜晚：

"……极其明确地可以看出，月亮根本没有一个平坦、光滑和规则的表面，很多人相信它和其他天体都是光滑的，但恰恰相反，它是粗糙的、不均匀的。简而

对比一下，看看伽利略画得怎么样？

言之，观察证明，理智的推理只能得出这样的结论，月亮上布满了凸起和空洞，类似于地球表面上散布的山脉和山谷，但尺寸还要更大。"

月亮上的山有多高？

从 11 月 30 日到 12 月 18 日，整整半个多月的时间，伽利略持续观测月亮。他一边观测一边画下月亮的图像，一点点细节都不放过。他细心地发现：在月亮上黑暗的一面有几个小小的亮点，就像在伸手不见五指的夜晚突然冒出几只小猫的眼睛。

"这是什么呢？真有趣。"伽利略敏锐地意识到，这些小亮点可能意义非凡。

果然，两三个小时过去了，这些小亮点越来越大，像会移动一样，渐渐与明亮的一面连到一起。旧的小亮点转到了亮面，同时，暗面上有越来越多新的小亮点出现，就像种子一样，发芽，长大。

伽利略猛地想到了什么——地球不也是这样嘛！在地球的清晨，当太阳初升，它首先照亮了高高的山尖，而山腰和山脚仍然隐藏在黑暗之中。随着时间的推移，光芒逐渐洒向山腰和山脚，渐渐扩大了照亮的范围，最终整座山都被明亮的光芒所覆盖。

注意看伽利略画的月球图上的小亮点（公共版权）

没错，月亮暗面的"小亮点"，一定也是"山尖尖"！他用他最擅长的数学计算亮点的大小、持续的时间等，得出月亮上的地形起伏甚至比地球上的还大。

后来，他把这几个月的观测、思考写成了一本小书，名叫《星际使者》。这本书让伽利略在一夜之间成了国际名人，欧洲的每一位学者几乎都在谈论他的发现。

伽利略说月亮上的地形起伏比地球大，是相较于月亮的大小来说的，并不是说月亮上的山比地球上的山高。

太阳上的"小苍蝇"

伽利略写完著名的《星际使者》以后，很快又把望远镜对准了金星和太阳，并有了重大发现——太阳黑子。

什么是黑子呢？其实就是太阳表面的斑点，一小块不规则的黑色区域，就像落在人脸上的一只大苍蝇。从古希腊到中世纪，西方关于太阳黑子的观测都少得可怜。几乎在同一时期，好几位知名的科学家也都观察到了太阳黑

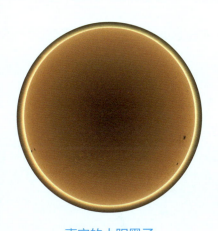

真实的太阳黑子

子，但一些科学家认为：太阳肯定是完美无瑕的，不可能凭空长出这些"斑点"来，这些会移动、会消失的黑子，肯定是行星运动到太阳前，形成了阴影。而伽利略却不这么看，他认为太阳上的这些黑子，并不是行星遮挡住了太阳，而是本来就存在于太阳表面。

第一个接近月球的人造物体

在伽利略以后，人们真正认识了月球表面的真相。而随着近代科技的进步，到了20

世纪 50 年代，人类第一次有机会真正地接触月球。

苏联在这场太空竞赛中率先出发。1959 年 1 月 2 日，他们发射了"月球 1 号"。虽然没有按照计划着陆，但它成为第一个接近月球的人造物体。这个成就让苏联在探月竞赛中抢占了先机。

同年 9 月，"月球 2 号"成功撞击月球，成为第一个到达月球表面的探测器。这一壮举让全世界为之震惊。同年 10 月，苏联又发射了"月球 3 号"，它传回了人类历史上月球背面的第一批照片，让科学家们更好地了解了月球的另一面。

在苏联一次次靠近月球的同时，美国也不甘示弱。他们启动了先驱者计划，进行了几次发射尝试，但都没能成功抵达月球。直到 1959 年 3 月，美国发射了先驱者 4 号，这是美国在 1958 年至 1963 年间 12 次尝试中唯一成功的月球探测器。而在 1961 年，苏联在太空领域的另一巨大成功又一次让美国人压力倍增。

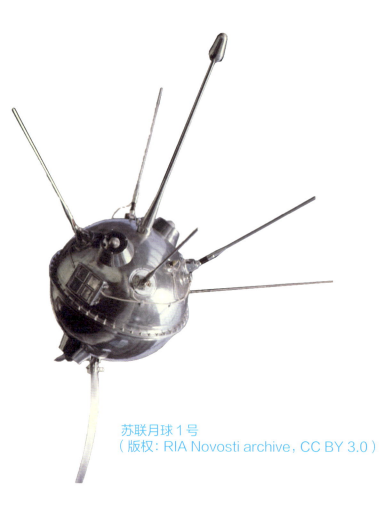

苏联月球 1 号
（版权：RIA Novosti archive，CC BY 3.0）

美国先驱者 4 号（公共版权）

阿波罗计划

1961 年 4 月 12 日，航天员尤里·加加林（Yuri Alekseyevich Gagarin，1934—1968）乘坐东方一号宇宙飞船进入太空。在这艘直径只有两米多一点的小小飞船里，他独自接受着前所未有的危险挑战。太空中星球美丽的光环、云朵在地球表面投下的惊人画面，深深震撼着加加林的心灵。108 分钟后，他跳伞降落在一个集体农场上，对惊讶的农民自豪地宣布："我是世界上第一位太空人，尤里·加加林！"

苏联完成了世界上首次载人航天飞行，这可让当时苏联的老对头——美国郁闷极了。

1961 年 5 月 25 日，美国总统肯尼迪（John Fitzgerald Kennedy，1917—1963）向国会提出了一个震惊世人的设想：

"……我相信这个国家能够齐聚一心全力以赴达成这个目标，即在 1970 年以前，人类将乘坐宇宙飞船登陆月球并且安全返回。没有任何一个航天项目能够超越它对人类的影响，能超越它对宇宙远程空间探索的重大作用，也没有一个航天项目开发得如此困难而且花费如此昂贵……"

肯尼迪口中的"载人登月"，就是大名鼎鼎的阿波罗计划。20 世纪 50 年代的失败没有打击美国科学家的信心，反而激励他们不断改进技术，自我精进。

1962 年开始，美国启动"徘徊者计划"，在 1964 年终于成功拍摄并传回月球表面图像，追上了苏联的进度；1966 年，勘测者 1 号成功在月球软着陆，传回了月球表

尤里·加加林
（版权：Министерство обороны СССР，CC BY 4.0）

阿波罗计划得名于古希腊神话中的太阳之神"阿波罗"。命名者是 NASA（美国航天局的缩写）的一位经理，他说："阿波罗驾驶他的战车穿越太阳，这与载人登月的雄心壮举相得益彰。"

面的详细照片。这些都为阿波罗计划的实施奠定了良好基础。

然而，想要在 10 年内完成载人登月并安全返回，仍是一个无比宏大而复杂的任务，美国航天局把所有的人员、技术、资金一股脑地投入进去，只盼着阿波罗计划能顺利进行。

致命的火苗

正在指挥舱的模拟器中进行训练的查菲、怀特和格里森（公共版权）

时间来到 1967 年 1 月 27 日下午 1 点钟，在佛罗里达州卡纳维拉尔角 34 号发射台，怀特（Edward White，1930—1967）、格里森（Gus Grissom，1926—1967）和查菲（Roger B. Chaffee，1935—1967）3 位宇航员换好整套的太空服，进入土星 1B 号顶部的阿波罗指令舱。

这是阿波罗计划中的一次模拟测试，舱内气氛严肃且紧张。格里森熟练地操作着头顶的装置，突然闻到一股奇怪的酸味。是从太空服里传出来的。

"怎么回事？"他迅速报告情况，暂停任务，等待检查。

不一会儿，通信又出现了问题，他们和指挥中心根本听不到对方的声音。格里森忍不住抱怨说："连两座大楼之间的通信都解决不了，我们怎么去登陆月球呢？"

接二连三的意外让舱内的气氛变得沉重。6 点 31 分，测试已经被推迟了整整 5 个小时，大家的心中都有一种说不出的烦躁。

突然，格里森的座椅下面亮起来，竟然是一团小小的火苗。哪怕三人已经被训练到心理素质极强，也禁不住立

阿波罗 1 号舱内烧焦的残骸（公共版权）

刻头皮发麻——在 100% 纯氧的环境下，火势迅速蔓延，整个指令舱瞬间陷入火海！

"Fire!（着火了）"查菲紧急通过对讲机报告，但火势已经超出了控制范围。尽管技术人员紧急奔向舱门，但一切都来不及了。短短十几秒后，在剧烈的爆炸声中，指令舱被烈火吞噬，火焰像嗜血的魔鬼冲出地狱……

3 名宇航员在火海中当场遇难。他们的宇航服和输气管被大火熔化，格里森和怀特的宇航服甚至被烧得融为一体——多么残忍的画面。查菲，他是有史以来被选中进入太空的最年轻的美国人，去世时年仅 31 岁。后来，这次悲剧性的任务被铭记为"阿波罗 1 号"。

阿波罗 11 号与 1202 警报

灾难过后，阿波罗计划宣告暂停，整整 21 个月以后，痛定思痛的美国人才重新启动载人航天计划。

1968 年 10 月，阿波罗 7 号载着三位宇航员在空间飞行了将近 11 天，绕地球飞行 163 圈。两个月以后的 12 月 21 日，阿波罗 8 号的发射也极为顺利。经过 69 小时 12 分钟的飞行，3 位宇航员进入环月轨道，目睹了千百年来人们所向往的月球世界，成为见到月球日出的第一批人。

1969 年 3 月，阿波罗 9 号将登月舱送入地球轨道；5 月，阿波罗 10 号在月球轨道上进行了最后的"彩排"。到 1969 年 7 月，阿波罗 11 号登月的最后一步已经准备就绪。

阿波罗计划的高潮即将开始——人类要向月球发起挑战了！

燃烧需要可燃物、氧气和火源。但早期的阿波罗登月飞船里竟充满纯氧气，像个"移动炸弹"！且纯氧对人体也有害。为何这样设计呢？

首先是为了减轻重量，飞船需要"瘦身"。使用氧气＋氮气混合气体（像呼吸的空气）需要携带两个气罐和复杂的调节设备。改用纯氧气能省下很多重量，让火箭飞得更远。

其次是纯氧环境更简单。混合空气需精确控制氧氮比例，而纯氧系统只需监测压力，操作更简单。早期的"水星计划"飞船也用过纯氧，一直没出事，所以科学家觉得没问题。

直到阿波罗 1 号惨剧发生，NASA 才意识到纯氧的危险，后续任务改为在发射时使用氧氮混合气体。

1969 年 7 月 16 日美国东部时间上午 9 点 32 分，阿波罗 11 号搭载土星五号发射升空（版权：NASA）

1969 年 7 月 16 日，还是那个熟悉的卡纳维拉尔角，数十万人坐着小汽车、公共汽车，乘着轮船、飞机，从四面八方涌入这里，只为观看阿波罗 11 号的发射。除了现场观众，还有 33 个国家的人在电视机前看直播，仅在美国就有大约 2 500 万观众。每个人都知道，他们即将见证人类历史上最重要的时刻之一。

当地时间上午 9 点 32 分，土星五号火箭载着 3 名宇航员——阿姆斯特朗（Neil Alden Armstrong，1930—2012）、奥尔德林（Buzz Aldrin，1930— ）、柯林斯（Michael Collins，1930—2021）升上天空。

三天后的 7 月 19 日，阿波罗 11 号抵达月球轨道。指令舱内，宇航员阿姆斯特朗绕着月球盘旋，目光扫视着地图上标注的登月目的地——宁静海南部。这是月球上一块比较平整的地方，是理想的着陆点，适合进行舱外活动。

确认好地点后，7 月 20 日，阿姆斯特朗和奥尔德林驾驶着登月舱"鹰号"靠近月球，然而意外却不期而至。

50 公里，30 公里，15 公里……月球在视野中逐渐放大，突然，一盏黄色警示灯亮起，伴随着"鹰号"多个电脑程序警报声响起。阿姆斯特朗紧握通信开关，语气急促地呼叫地球上的监控中心："电脑发出了警报！"

3 秒后他补充道："1202 程序警报。"

接着，在接下来的 4 分钟里，1202 警报又闪烁了两次。就在第 3 次 1202 警报响起 7 秒后，新的 1201 警报也响起了，情况变得高度紧张。

这些警报在训练中从未出现过，究竟意味着什么？是否暗示着危险的来临？是否需要中止任务？最终，阿

阿波罗 11 号的宇航员（左起）：阿姆斯特朗、柯林斯和奥尔德林（版权：NASA）

在登月几十年后，飞行器拍下的阿波罗 11 号当年的着陆点（版权：NASA / Goddard Space Flight Center / Arizona State University）

姆斯特朗与控制中心选择继续执行任务，并在发现目标降落点布满巨石后，选择手动操控飞船，终于在 1969 年 7 月 20 日下午 4 点 17 分，阿波罗 11 号安全着陆。阿姆斯特朗通过无线电说道："休斯敦，这里是静海基地，鹰号已着陆。"

阿波罗 11 号是整个阿波罗计划的高潮。在此之后，登月计划继续，一共进行了 6 次成功登月，总共有 24 名宇航员访问了月球，其中 12 人在月球表面行走，最后一次登月是 1972 年 12 月的阿波罗 17 号。

举世瞩目的"一步"

接下来发生的一切几乎人尽皆知——全世界数百万人在电视机前，怀着敬畏、激动、讶异、难以置信等复杂的心情，观看着从 40 万千米外传回的黑白画面。

他们不会忘记阿姆斯特朗登上月球迈出第一步的那一刻。

那是晚上 10 点 56 分，画面中，阿姆斯特朗右手扶着梯子，左脚蹬着靴子，迈出历史性的一步，在月球上留下了第一个人类的足迹。然后，他说出了那句再经典不过的名言：

"这是我个人的一小步，却是人类的一大步。"

此时的阿姆斯特朗会是什么心情呢？兴奋？自豪？震撼？敬畏？再多的词汇也不能描述这种站在人生荣耀巅峰的极致体验。

很快，他的同伴奥尔德林也登上了月球表面。他们在月球上忙忙碌碌地工作了两个小时，收集了约22千克的材料，还在月球上安放了一枚勋章，上面写着阿波罗1号中3位宇航员的名字——逝去的人，也终于以另一种方式来到了月球。

4天后，阿波罗11号在夏威夷以西约1 400千米的太平洋上坠落——人类的第一次登月之旅顺利结束，美国人实现了把人类送上月球的承诺。有人说，阿波罗计划是人类历史上最伟大的技术成就。382千克的月球岩石和土壤，是它送给地球的美好礼物，而这份礼物蕴含的意义远超其表面。

就如美国总统尼克松（Richard Milhous Nixon，1913—1994）所说："这才过了八天。只有一周，漫长的一周。但这是创世以来世界历史上最伟大的一周。"

> 阿波罗计划是一项庞大的工程。在顶峰时期，它雇用了超过40万名员工和承包商，占了20世纪60年代NASA总支出的一半以上。阿波罗计划耗资254亿美元（相当于现在的1 640亿美元）。

左：阿波罗11号的返回舱被打捞到甲板上。（版权：NASA）

右：返回地球的三名宇航员被安全地带到大黄蜂号航空母舰上，被安置在一个移动隔离设施中。图为阿波罗11号宇航员在隔离设施内祈祷，隔离舱外是当时的美国总统尼克松。（版权：NASA）

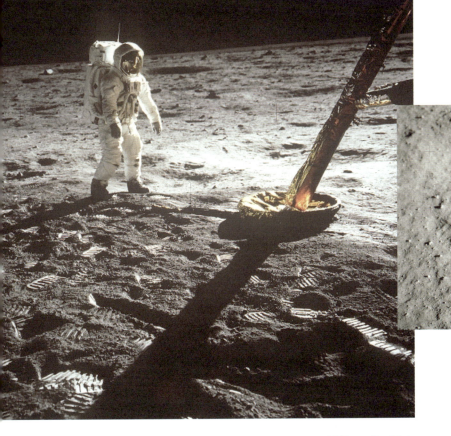

进行舱外活动期间，阿波罗11号宇航员们拍摄的一张脚印的特写。（版权：NASA）

宇航员奥尔德林在阿波罗 11 号航天器舱外活动，漫步在月球表面，画面右边是月球登陆舱的一条腿。这张照片由阿姆斯特朗拍摄，宇航员的脚印在前景中清晰可见。（版权：NASA）

我国的嫦娥工程

从 2004 年开始，中国也拉开了壮丽的探月工程序幕——嫦娥工程。这个项目分成三步：第一步是"绕"，也就是发射探测卫星环绕月球，进行细致的侦察；第二步是"落"，实现月球软着陆，并进行巡视勘察；第三步是"回"，即从月球采集样品并带回地球。

与阿波罗计划类似，嫦娥工程也是一个长期而艰巨的旅程。2007 年 10 月 24 日，伴随着震耳欲聋的轰鸣声，长征三号甲运载火箭托举着嫦娥一号探测器冲向月球。那一刻，亿万中国人的心仿佛也随之升空，飞向那片我们向往千年的土地。嫦娥一号不负众望，成功进入月球轨道，

玉兔二号探测器在月球背面拍摄的嫦娥四号着陆器（版权：CSNA/Siyu Zhang/Kevin M. Gill, Creative Commons Attribution 2.0 Unported license）

展开了它的环月旅程。在轨运行 16 个月后，它完成了对月球的全面扫描，带来了当时全世界精度最高的全月图。

6 年后的 2013 年，嫦娥三号的发射标志着中国探月工程进入第二阶段——月面软着陆与月面巡视勘察。12 月 14 日，嫦娥三号在月球虹湾安全着陆，"玉兔号"月球车缓缓驶出着陆器，开始了月面探索。这一壮举，让中国成为继美国和苏联之后，第三个掌握此技术的国家。玉兔号在月面留下的足迹，见证了这一历史性时刻。

又过了 7 年，时间来到 2020 年，嫦娥五号肩负着"回"的重任再次启程，最终在月球表面采集样品，并携带 1 731 克月壤返回地球。这不仅完成了"绕、落、回"三步走的胜利收官，也让中国成为世界上第三个实现月球采样返回的国家。随后，2024 年 6 月 25 日，嫦娥六号成为人类首次从月球背面采集样本并带回地球的探测器。

阿波罗计划早已画上句号，但我国的探月工程仍在继续。星空浩瀚，我们的未来注定更加璀璨。

嫦娥五号在太空中箭器分离的艺术图（版权：中新社，Creative Commons Attribution 3.0 Unported license）

月壤里能"烧"出水？

2024 年 8 月 22 日，中国的科研团队在国际学术期刊《创新》上发表了一项令人振奋的研究——利用月壤大规模产水的全新方法。经过亿万年的太阳风辐射，月壤中的矿物蕴藏着丰富的氢元素。当这些月壤被加热至高温时，氢与矿物中的铁氧化物发生剧烈的氧化还原反应，能够生成单质铁和大量水。当温度超过 1 000℃，月壤便化作熔融液体，而反应中释放出的水则以水蒸气的形式飘散在空气中。令人惊叹的是，每吨月壤竟能产生 51 至 76 千克的水，这相当于 100 多瓶 500 毫升的瓶装水，足以满足 50 个人一天的饮水需求！

 想一想

我国已有未来建立月球基地的计划，你认为这将面临哪些挑战？如果你是我国探月计划的总工程师，你会如何应对这些挑战？

知识卡

1. 月球表面是什么样的？

伽利略使用自制的望远镜首次观察到月球的真实地貌，发现月球表面并不光滑，而是充满了坑洼和山脉。

2. 阿波罗 11 号登月

1969 年，人类首次成功登陆月球，阿姆斯特朗成为第一个踏上月球的人。

3. 嫦娥工程

嫦娥工程分为"绕、落、回"三步走，实现了探测、着陆和样本返回的任务。

"触摸"太阳的勇气：人类太阳探索之旅

1859年9月的一个凌晨，乘坐南十字星号快船的人们在智利海岸外与巨浪搏斗，冰雹像石块一样从天而降，在惨白的海雾笼罩下，船如断线的风筝般摇摇欲坠。终于，海雾散去，水手们惊恐地发现，他们竟然航行在一片血色的海洋上！

"快……快看天！"不知是谁喊了一声。即便隔着云层，水手们也清晰地看到了这震撼的场景：天空正笼罩在一片无边无际的红色中——是极光！

没错，罕见的极光几乎吞噬了整个地球天空的三分之二，从极地到低纬度地区，包括中国、日本、古巴和夏威夷群岛，甚至在贴近赤道的哥伦比亚，都能看到极光。

在美国，落基山脉的金矿工人被明亮的极光唤醒，起床做了咖啡、培根和鸡蛋，忙完才发现，现在才凌晨1点！在密苏里州，人们在午夜12点过后，还能借着极光轻轻松松地阅读报纸……这一切，只有一个名叫理查德·卡林顿（Richard Christopher Carrington，1826—1875）的天文学家知道原因。

什么时候上海也能看到极光啊？

那肯定不是惊喜，是惊吓！

手绘太阳的人

1852 年，在英国的雷德希尔市，一个豪华的私人天文台正在动工。这座天文台的主人，是业余天文学家卡林顿。靠着父亲经营的酿酒厂的赞助，这个幸运的年轻人正在打造他梦想中的天文台，也是他未来的家园。

"伙计们，请务必小心搬运！辛苦了！"

卡林顿一边叮嘱着工人，一边兴奋地欣赏着自己订购的全新赤道式望远镜。这架望远镜是从英国顶尖的制造商那里定制而来，黄铜镜身长达 2 米，在阳光下闪耀着迷人的光芒，而直径达 11.5 厘米的透镜则如此光滑、圆润——真是越看越喜欢。

在当时，已经有前卫的天文学家尝试用刚兴起的摄影技术拍摄太阳，但卡林顿仍旧是用传统的望远镜，并用手工方式绘图。

Redhill Observatory from the South-East.

卡林顿的故居和天文台，建于 1852 年（公共版权）

29

在卡林顿的监督下，天文台很快就建好了。他白天在这里观测太阳黑子，晚上记录恒星的位置，哼哼哧哧地一天从早忙到晚，几年间几乎从不休息。

1859 年 9 月 1 日，33 岁的卡林顿像往常一样，吃过早饭，打开圆顶天窗，转动望远镜对准太阳。最近太阳上出现了一块巨大的黑子群，卡林顿已经连续忙了几天。这一天，卡林顿像往常一样，把太阳光投射到一块屏幕上，然后熟练地把一对十字金字丝固定在目镜前，屏幕上投下一个"十字"的阴影，像一个坐标。卡林顿盯着屏幕，开始勾画太阳的表面，一笔一画精确地记录着太阳黑子的形状和位置。地球慢慢转动，太阳的影子也在屏幕上慢慢转动，时间一分一秒地过去了，卡林顿沉浸在绘画中，从清晨画到了中午。此刻，他终于停下笔，揉了揉因长时间作画而发酸的手腕。

"真是壮观啊。"他发现今天的黑子群异常庞大，甚至有些出乎意料，它们的长度几乎占据了太阳圆盘的十分之一，相当于地球直径的 10 倍！

在天文钟嘀嗒的声音中，卡林顿准确地记录着每个黑子穿过十字线的时间。当时针指向 11 点 18 分时，房间里宁静异常。突然，屏幕上出现了一幅前所未见的画面。

两束耀眼的白光，像闪电一样，出现在太阳黑子群的上空。它们圆乎乎的，非常耀眼，光看它们的样子，就能感受到那种扑面而来的灼热。

"这……这是什么？"卡林顿吃惊极了。是仪器的反光？他伸手摇晃了一下仪器，但光斑却非常顽固地停留在太阳黑子群上。

这是来自太阳的光斑？！在他目瞪口呆的当口，两个光点慢慢变大，形状就像两个对称的肾脏，无比醒目地昭示着它们的存在。

卡林顿几乎是在一瞬间恢复了理性，赶紧在纸上写下这奇异现象出现的时间。很快，两团"骑"在太阳黑子上的奇异光团变暗了。卡林顿目睹着它们在巨大的黑子团上漂移，收缩成一个个微小的光点，然后消失不见。

他再次记录下光团消失的时间：11 点 23 分。

过了一个多小时，他仍坐在寂静的房间里，目不转睛地盯着屏幕，期待着光团的再次现身。卡林顿并不知道，他刚刚完成了人类历史上首次对太阳耀斑的观测记录。而这场耀斑，也给毫无准备的地球带来了一场海啸般的巨大冲击。

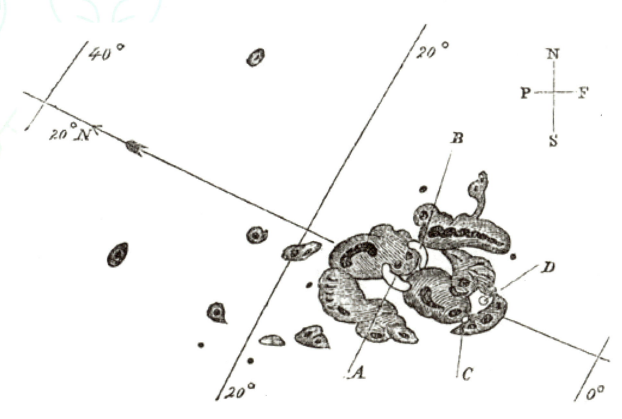

卡林顿绘制的 1859 年 9 月 1 日发生在太阳黑子群上方的太阳耀斑草图。A 和 B 表示两个肾形光斑出现的位置，C 和 D 表示缩小的光点消失时的位置。（公共版权）

极光、磁暴与太阳耀斑

当天晚上，几乎世界各地都出现了罕见的极光。在北纬 13° 的圣萨尔瓦多附近，传出很多夸张的报道："红色的光线非常强烈，屋顶上和树叶上似乎都沾满了血。"

比极光更惊人的是磁暴。有一股看不见的巨大力量让电报系统彻底瘫痪了。如今，电报早已成为历史，但在 19 世纪，它就像现在的手机、Wi-Fi 一样重要。一整个晚上，电报员们都在努力发送着信息，但往常"听话"的设备，现在被一波又一波诡异的电流控制了，变得十分危险。

一台 1855 年的电报机（公共版权）

今天我们知道，这股力量就是太阳"磁暴"，是狂暴的带电粒子流抵达地球，在电器设备中产生感应电流。

在美国马萨诸塞州，电报设备爆出巨大的火花，打到旁边的金属架上，把人们吓得东逃西窜。可怕的电弧持续了很久，办公室里充满了烧焦的木头和油漆的味道。

在宾夕法尼亚州的匹兹堡，眼看着极光带来的电流就要毁掉电报机，电报员赶紧跑去断电。但就在这时，电路突然喷出了火花，电报机冒出了可怕的火焰，精密的铂金接头几乎要熔化了，还好电报员快速地切断了电源。接头保住了，但电报机已经热到烫手，没有人敢再去碰一下。

华盛顿的另一位电报操作员就没那么幸运——他被一个巨大的电弧击晕了！还好，他很快就醒了过来，后怕地摸摸被电击的脑门，自言自语道："真是捡回了一条命！"

磁暴是怎么来的呢？在所有人都没有头绪的时候，卡林顿决定分享他在 9 月 1 日中午目睹的太阳耀斑。可惜的

如果是现在，所有人的手机都齐刷刷地失去信号，一碰手机就跑电、着火，该有多么可怕！

极光

是，相信他的人寥寥无几，几乎没有人相信他的描述。幸运的是，一位名叫理查德·霍奇森（Richard Hodgson，1804—1872）的天文学家也观测到了此次事件，他们二人的共同记录，让众人相信了太阳耀斑的存在。这是人类第一次发现太阳耀斑，是天文学史上一个值得纪念的时刻。1859 年，这次关于太阳的重大发现被命名为"卡林顿事件"。直到现在，人们已经能够确定，造成当时极光、磁暴的"真凶"正是太阳耀斑。

看到这儿，希望你明白：科学是一座严谨建造的宏伟大厦，每一块看似普通的"砖头"，都需要严苛的证据来证明。

> 太阳耀斑是太阳大气中相对强烈、局部的电磁辐射释放现象，你可以简单地理解为这是一种太阳表面突然释放大量能量的现象。太阳耀斑主要发生在太阳的活跃区域，通常伴随其他太阳活动，比如日冕物质的抛射等。

太阳是由什么构成的？

虽然人类已经发现了太阳黑子、耀斑，但我们对于太阳似乎还是知之甚少。太阳到底是由什么构成的？它到底为什么能够发光发热？这些问题直到近 100 年前，人类才开始知道答案。

在 20 世纪初的剑桥大学，年轻的塞西莉亚·佩恩（Cecilia Payne-Gaposchkin，1900—1979）正坐在一间拥挤的讲堂中，聚精会神地聆听一场讲座。主讲人是声名显赫的天文学家亚瑟·爱丁顿（Arthur Stanley Eddington，1882—1944），他绘声绘色地描述着 1919 年日食的壮观景象，以及如何通过这次天象验证了爱因斯坦的广义相对论。塞西莉亚的心中涌起一阵莫名的激动，她意识到物理学的魅力深深吸引着她。

（版权：NASA / SDO）

太阳质量的大约四分之三是氢，剩下的几乎都是氦，氧、碳、氖、铁和其他重元素的质量少于 2%。相比之下，地球上最常见的元素是氧、镁、硅和铁。在地球上，氢勉强进入常见元素前 10 名，而氦则极为罕见。

在恒星的核心，极高的温度和压力使氢原子核发生聚变，形成氦原子核，并释放出大量能量。这一过程不仅是恒星能量的主要来源，也是恒星演化的重要驱动力。

"这就是我想追求的事业。"她在心中默默对自己说。

虽然当时的社会环境对女性并不友好（科学界更是如此），但塞西莉亚毫不畏惧，决心追随自己的梦想。于是，她前往美国，在哈佛大学继续深造。哈佛拥有全球最大的恒星光谱档案，对塞西莉亚而言，这无异于一座科研宝库。

在天文学研究中，光谱是一种重要的工具。通过在望远镜上安装分光镜，天文学家能够将星光分解成一条条色彩斑斓的光带。光谱中那些狭窄的暗线——吸收线，揭示了恒星大气中的化学元素。

塞西莉亚全身心地投入到恒星光谱的研究中。经过无数个不眠之夜，她在 1925 年发布的博士论文中提出了一个令人震惊的结论：太阳和其他恒星几乎完全由氢和氦构成，而地球上常见的重元素仅占极小比例。这一发现颠覆了当时的天文学认知，甚至她的导师都不相信这个结果。为了职业生涯考虑，塞西莉亚只能在论文中谦虚地写道："这些结果几乎可以肯定不真实。"

最终，事实证明塞西莉亚的结论是正确的。如今，人们已知太阳主要由氢和氦构成，她的名字也因此被永远铭刻在科学史册上。

20 世纪 20 年代，"太阳到底为什么能发光发热"的问题也初步得到了解答，天文学家亚瑟·爱丁顿提出了关于恒星能量来源的重要理论。他指出，恒星的光和热主要来源于其核心的核聚变反应。这个理论如同一把钥匙，打开了理解恒星生命的门户。

到了 20 世纪 40 年代，德国物理学家汉斯·贝特（Hans Bethe，1906—2005）对太阳及其他恒星内部的核反应机制进行了详细的描述（这里面的机制真是太复杂了）。简单来说，在贝特的理论中，太阳的核心就像一座沸腾的熔炉，氢原子在极高的温度和压力下不断碰撞、融合。每当氢原子聚合成一个氦原子时，都会释放出巨大的能量。这一过程是缓慢的，但正是这持续不断的反应，维持着太阳的光辉与温暖。

给太阳"听诊"的 SOHO

20 世纪 60 年代，美苏太空竞赛开始以来，许多太空探索计划如雨后春笋般涌现，其中一些专注于对太阳的研究。比如，1962—1975 年期间，美国航天局执行了轨道太阳观测卫星计划（OSO），在 13 年内成功发射了 8 颗卫星，监测了太阳黑子周期中的紫外线和 X 射线光谱。

从地面上仰望星空到向太空派出使者，这是科学技术的一大飞跃。在一次次的探索中，人们逐渐认识到，太阳的每一次活动（如太阳黑子、耀斑等）都可能在地球上引发一场"风暴"。于是，最初出于太空竞赛的好奇心，渐渐转化为实际需求，我们更加迫切地想要了解太阳的一切。

1995 年 12 月 2 日，人类给太阳派去了一位特别的朋友——太阳和太阳圈探测器（SOHO）。这是欧洲空间局和美国航天局联手打造的一颗超级"太阳侦探"。SOHO 的工作地点就像是坐在了观看太阳的超级 VIP 包厢里，位于地球和太阳之间的第一个拉格朗日点。这里没有地球或月球的遮挡，让 SOHO 享有绝佳的视野。

SOHO 就像是一个勤奋的哨兵，一边围着太阳和地球转圈圈，一边在这个特殊的"点"上慢慢地打转，不断地观

1975 年 6 月 21 日，OSO 8 搭乘德尔塔火箭发射（版权：NASA）

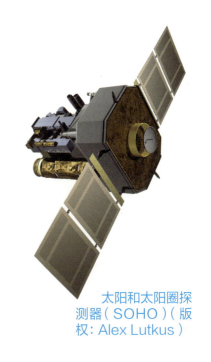

太阳和太阳圈探测器（SOHO）（版权：Alex Lutkus）

察太阳的变化。它身上装有 12 个先进的科学仪器，能捕捉太阳的磁场、X 射线等各种秘密信息。其中最引人注目的技术是"日震学"。这是什么意思呢？就像医生用听诊器一样，科学家们可以通过倾听太阳内部声波的"嗡嗡"声，揭示太阳的内部结构和能量产生机制。每天，SOHO 都会将大量数据传回地球，这些数据帮助科学家们第一次绘制出太阳的三维图像。我们终于知道，太阳黑子并不只是表面现象，它们的结构深入地下，扎根在等离子体的涌动中，因此格外强大。

更令人震惊的发现是太阳耀斑的威力。耀斑的突然爆发会对地球产生巨大的影响。想象一下，夏天突然变成冬天，绿色的土地被厚厚的冰层覆盖！这样的场景并非幻想，而是真实发生过的。大约在公元 900 年至 1250 年，因太阳活动增强，地球经历了一段温暖期，北欧人甚至在格陵兰岛上建立了家园，并称之为"绿色土地"。不过现在，格陵兰岛又变成了冰雪的世界。

尽管 SOHO 的预期寿命只有两年，但它已多次延期，至今仍在继续工作。它的发现帮助我们更好地理解太阳，并为保护地球提供了宝贵的信息。

极端空间天气，比如太阳耀斑和太阳风暴，它们就像地震和海啸一样，是一种自然灾害。虽然这些事件不常见，但一旦发生就可能会对地球造成巨大影响。例如，它们可能导致通信中断、导航系统失灵，甚至损坏国家电网，引发停电和大规模的电力危机。

帕克号任务官方徽章（版权：NASA/JHUAPL）

"亲吻"太阳的帕克号

2018 年 8 月 12 日美国东部时间凌晨 3 点，佛罗里达州卡纳维拉尔角人头攒动，虽是后半夜，但大家都毫无睡意。一位老人端端正正地坐在第一排的角落，他手握拐杖，身穿西装，全白的头发在夜风中略显凌乱——他是已

尤金·帕克博士观看帕克号太阳探测器的发射（版权：NASA/Glenn Benson）

经 91 岁高龄的美国天文学家尤金·帕克（Eugene Newman Parker，1927—2022）。

半小时后，与帕克教授同名的太阳探测器——帕克号将在他面前发射。这是美国航天局第一次以在世科学家的名字命名航天器。最特别的是，帕克号天线后面载着一张特殊的内存卡，里面除了有 113.7 万个人名外，还有帕克教授的照片和他年轻时发现太阳风的重要论文。

凌晨 3 点 31 分，德尔塔 4 重型火箭载着帕克号出发了。在接下来的 7 年里，它会像飞蛾扑火一样扑向太阳——而且还是一只"爱转圈"的蛾子！什么意思呢？帕克号会像拧

2018 年 8 月 12 日，帕克号太阳探测器在佛罗里达州的卡纳维拉尔角空军基地发射升空（版权：NASA/Bill Ingalls）

螺丝一样，一圈一圈地绕着太阳跑，疯狂地跑上24圈，一圈比一圈更逼近太阳，深入探究太阳风的秘密。

按照计划，它离太阳最近的时候将只有612万千米，是地球距离太阳最近距离的1/21——如果说太阳到地球是1米，那么帕克号将站到离太阳只有不到5厘米的距离，差不多已经到达日冕层，贴到太阳的鼻子尖了！

如果有"谁离太阳最近"的比赛，它会是当之无愧的世界冠军，把第二名远远地甩在身后，代表人类给太阳一个热烈的"吻"。

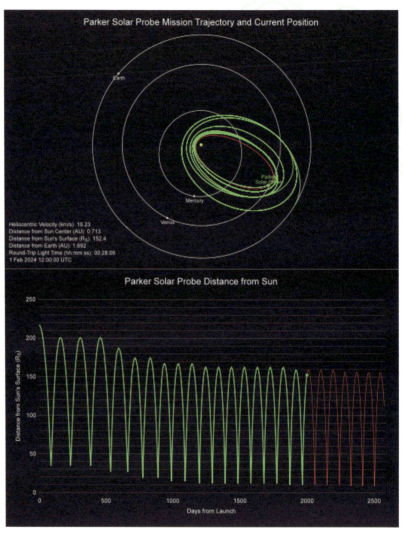

上：帕克号的行动轨迹（画面中心的黄点是太阳，帕克号的轨迹是绿色线条）（版权：NASA）
下：帕克号与太阳的距离（版权：NASA）

太阳风是如何被发现的？

彗星，划过夜空的精灵，总是拖着一条长长的尾巴。但你有没有想过，这尾巴为什么总背对着太阳？是太阳在背后推着它吗？

1956年，29岁的芝加哥大学助理教授尤金·帕克对彗星产生了兴趣。那些日子，他没日没夜地在纸上计算，终于有了惊人的发现：如果太阳的日冕能达到 100 万摄氏度，那么就一定会有一股粒子流从太阳表面迅猛地扩散开来，比声音跑得还快！后来，他把这种现象叫作"太阳风"。太阳风假说很容易解释彗尾的方向——就是被太阳风给"刮"跑的。

然而，当帕克写完论文兴冲冲地想要发表时，却遭到了铺天盖地的反对。一位评论家甚至毫不客气地说："我建议帕克在写论文之前先去图书馆读一读这个主题的相关资料，完全是胡说八道！"

好在不是所有人都浇冷水。帕克的同事、未来的诺贝尔奖得主钱德拉塞卡（Subrahmanyan Chandrasekhar, 1910—1995）站出来为他撑腰："兄弟，说实话，我也不喜欢这个想法。但是，我无法从你的数学计算中找到缺陷……所以，放心吧，我会帮你的。"

在钱德拉塞卡的帮助下，帕克的论文终于在 1958 年磕磕绊绊地发表了。几年后，美国的水手号、苏联的月球号都探测到了太阳风——帕克的理论被证实了！

它不怕被烤焦吗？

帕克号的目的地是让人闻风丧胆的日冕层——温度能达到惊人的数百万摄氏度。如此近距离地贴近太阳，帕克号不会像烤土豆一样被烤焦吗？

想象一下这个场景：把大猪蹄放进 200℃ 的烤箱里，几分钟内它可能毫无变化，但如果把它放到 100℃ 的开水里，表皮很快就会变色。当然，需要很久才能煮得又软又烂……

别流口水哦，我是想告诉你：日冕层的温度虽然高得可怕，但太空很空，日冕层的密度很小，就像是在烤箱里的大猪蹄真正感受到的温度并不是烤箱设定的 200℃，当帕克号穿过 100 万摄氏度的日冕层时，它的隔热层表面只会被加热到 1 400℃ 左右。

太阳的外层大气，从里向外可以分为光球层、色球层和日冕层。我们常说太阳表面的温度为5 500℃，其实说的是光球层。可能你会想，光球层是5 500℃，那外面的日冕层肯定"凉快"多了，最多只有三四千摄氏度吧？但是，恰恰相反，太阳这个"外焦里嫩"的怪火球，最外面的日冕层比光球层烫得多，温度高达100万摄氏度！这也是帕克号此行要解开的谜团之一。

当然，1 400℃也不是开玩笑的，好在帕克号顶着一把超级强悍的白色"遮阳伞"。

这是一个直径2.4米，仅有11.5厘米厚的热防护罩，它就像一个大号的床垫：一面冲着太阳，承受着高达1 400℃的高温，另一面挡着帕克号，让阴影里的"小帕克"待在舒舒服服的30℃里——是的，你没看错，温差就是这么大！想象一下，你的大拇指是1 400℃，10多厘米外，小拇指却只有30℃，多么惊人！

就这样，帕克号在顶级"遮阳伞"的保护下，谨小慎微地接近太阳：一旦伞偏了，可怜的帕克号会在十几秒内因"烫伤"而失效。

帕克号的"遮阳伞"隔热罩，被称为热保护系统（版权：NASA/Johns Hopkins APL/Ed Whitman）

帕克号的热防护罩只有11.5厘米厚，其中最重要的材料名叫"碳/碳复合材料泡沫"。这种材料的密度只有金属的十分之一，但却可以抵御极端环境，尤其在1 000℃到2 300℃之间，随着环境温度上升，它的强度不降反升。

帕号克的隔热罩时刻对准太阳（版权：NASA）

帕克号探测器接近太阳的插图（版权：NASA/Johns Hopkins APL/Steve Gribben）

帕克教授的人生建议

2022 年 3 月 15 日，已经 95 岁的尤金·帕克教授去世了——他没能等到帕克号结束任务的那一天。帕克教授去世前曾经接受过采访，人们问他："对青少年有什么建议？"帕克教授想了想，这样回答：

"我（年轻时）提出的理论虽不卓越，也依然会有那么一群人反对说'那样不对，这绝无可能'。所以，如果你在尝试一些新的突破，总会遇到麻烦——这是正常的，无须畏惧。你要更认真、更努力地去研究，毕竟你会想成为第一个验证自己的理论究竟正确与否的人。"

我国的羲和、夸父探日计划

在我国古代神话中，羲和是太阳的母亲，而夸父则是一个追逐太阳的巨人。而在今天，"羲和""夸父"有了另一个身份——我国探日计划的代号。

2021 年，中国成功发射了首颗太阳探测科学技术试验卫星——"羲和号"。它的主要任务是进行太阳 Hα 波段光谱成像的空间探测，这是国际上首次实现该波段的高分辨率成像。要知道，Hα 谱线是太阳爆发时响应最强的色球谱线，但由于地球大气层的干扰，地面观测数据往往不连贯且不稳定。通过羲和号卫星，我们可以获得更清晰、更稳定的太阳 Hα 谱线观测数据，这对研究太阳活动非常重要。

与"羲和"计划不同，"夸父"计划更加复杂。夸父计划由三颗卫星组成，目标是观测空间天气事件从太阳到地球的整体连续变化现象，揭示控制日地空间系统的基本物理过程。这将大大提高空间天气灾害的预警预报水平，为航天通信、航空航天以及军事活动提供重要保障。虽然目前夸父计划处于暂缓执行期，但中国科学家和工程师们仍在不断努力，未来必然更加精彩。

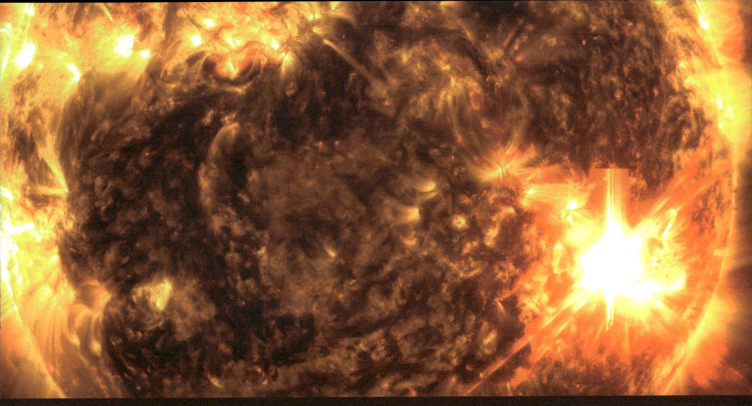

太阳耀斑作为太阳表面的强烈能量喷发，分为 A、B、C、M、X 五个级别。A 代表最弱的耀斑，几乎无法察觉，而等级 X 是最强的耀斑。就像地震的等级一样，每增加一个等级，能量就会增加 10 倍。X 级耀斑比 M 级耀斑强 10 倍，比 C 级耀斑强 100 倍。图片右下方出现了 X 级太阳耀斑。（版权：NASA/SDO）

 想一想

如果有一天，在我国上海上空出现了极光，你觉得会是什么样的情景？这可能意味着什么？

知识卡

1. 太阳耀斑的首次记录

　　1859 年，天文学家卡林顿首次记录了太阳耀斑。

2. 太阳的构成和能量来源

　　太阳主要由氢和氦构成，其能量来源于核心的核聚变反应。

3. 太阳探测

　　20 世纪以来，人类发射太阳探测卫星（如 SOHO、帕克号等）对太阳进行了深入研究。

炙热的太阳

- 太阳的质量是地球的 33 万倍。
- 太阳的体积是地球的 130 万倍。
- 太阳的直径为 139 万千米，在它的直径里，能塞下 109 个地球。
- 太阳表面的温度很高，约为 5 500℃，没有任何固体或液体可以在那里存在。
- 太阳的质量大约四分之三（73%）由氢组成；其余的主要是氦（25%），还包括氧、碳、氖和铁等重元素。

太阳耀斑是太阳黑子区域磁能的突然释放。这些耀斑的能量巨大，可能会在地球的磁场中引起磁暴，影响无线通信。不过大部分耀斑是我们用肉眼看不见的。

太阳黑子就像是太阳脸上的小斑点，是太阳表面具有极强磁场的区域。

通过观察、思考、假设、验证的科学方法，一代又一代的科学家们为我们揭开了地球、月球、太阳的神秘面纱……

真实的太阳是什么颜色？

虽然我们常看到红色太阳的图片，但太阳实际上是白色的。阳光透过棱镜之后，会被分解成一条彩色的光带，颜色按照红、橙、黄、绿、青、蓝、紫的顺序连续过渡，红光波长最长，紫光波长最短。在日出与日落时分，我们透过更加稠密的大气层眺望太阳，波长较短的蓝、绿等颜色更容易被散射掉，而波长较长的红、橙色留了下来，让我们看到了红彤彤的太阳。

2019 年使用太阳滤镜拍摄的真实色彩的太阳（版权：Matú Motlo，CC BY 4.0）

独一无二的地球

● 地球是球形的，两极略扁，赤道凸起，这是地球自转的结果。

● 地球赤道周长约为 4 万千米，一辆速度为 120 千米 / 小时的车，要不眠不休地行驶 14 天，才能绕赤道一周。

● 地球表面约 71% 被水覆盖，但可用淡水仅占 0.3%。

● 地球最突出的特点是，它是目前宇宙中已知的唯一存在生命的星球。

● 地球诞生于约 45.4 亿年前，44 亿年前开始形成海洋，并在 38 亿年前的海洋中出现生命。

月球是地球的天然卫星

地球与月球构成了一个天体系统，称为地月系。月球绕地球一圈大约需要 27 天 7 小时 43 分钟，也就是一个月。

最近的朋友——月球

● 月球本身不发光，我们看到的皎洁月光是它反射的太阳光。

● 月球的直径约为 3 476 千米，比地球直径的 1/4 稍多一点。

● 月球与地球的平均距离约为 38.4 万千米，这个距离间能放下 30 个地球。

● 月球上的重力只有地球的 1/6。在月球上，轻轻一跃就能轻松打破地球上的跳远世界纪录。

● 一般认为月球形成于约 45 亿年前，即地球出现后不久。有关它的起源有几种假说，其中最被普遍认可的是大碰撞说。

当月球绕地球运行时，太阳、地球、月球之间的位置关系会发生规律性的变化，我们能看到月亮的阴晴圆缺——月相的变化。

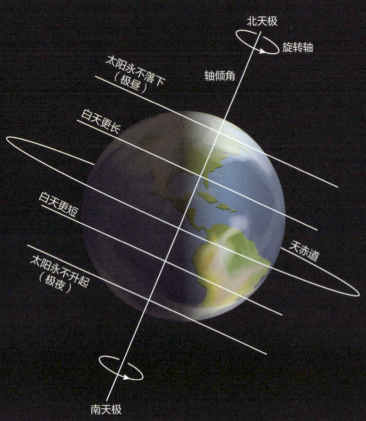

地球轴的影响（当太阳直射的地方在赤道以北，北半球处于夏天）

北天极

旋转轴

太阳永不落下（极昼）

轴倾角

白天更长

白天更短

天赤道

太阳永不升起（极夜）

南天极

斜着身子舞蹈的地球

地球绕着一条假想的轴线不停地旋转，这条轴线被称为自转轴。地球的自转轴与公转轨道面之间存在约 23.5 度的倾斜角度，这让地球看起来是在斜着身子舞蹈。而这个"斜身子"的姿势，也给我们的生活带来很多影响。

美丽的潮汐

你有没有注意到，海边的水有时涨潮，有时落潮？这是潮汐现象，它让海洋的水位在一天中不断变化。潮汐的背后，隐藏着一位神秘的朋友——月球。

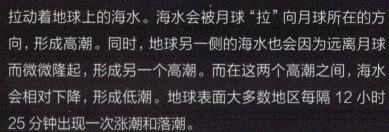

潮汐的形成与月球的引力密不可分。月球虽然离我们很远，但它的引力就像一只无形的手，轻轻地拉动着地球上的海水。海水会被月球"拉"向月球所在的方向，形成高潮。同时，地球另一侧的海水也会因为远离月球而微微隆起，形成另一个高潮。而在这两个高潮之间，海水会相对下降，形成低潮。地球表面大多数地区每隔 12 小时 25 分钟出现一次涨潮和落潮。

你可能不知道的是，除了月球，太阳也会对潮汐产生影响（尽管影响较小）。当月球和太阳在地球的同一方向时（比如新月或满月），潮汐会特别强；而当它们呈直角时（如上弦月和下弦月），潮汐就会较弱。

航天器抵达的边界：太阳系

1548 年，焦尔达诺·布鲁诺（Giordano Bruno，1548—1600）出生于那不勒斯王国的一个普通家庭，父亲是一名军人。小布鲁诺从小聪慧过人，9 岁时便开始学习人文科学和逻辑，展现出对知识的渴望。17 岁时，他进入大圣多明我堂的隐修院，后来成为一名修道士。

随着时间的流逝，布鲁诺发现他对世界的看法与教会教义有所不同。他提出宇宙无限的思想，认为宇宙是统一的、物质的、无限的和永恒的，在太阳系以外还有无以数计的天体。

有一天，布鲁诺读到了哥白尼的日心说——地球和其他行星围绕太阳转的理论，这让他在内心深处产生了强烈的共鸣。他开始勇敢地传播这一观点，这在当时就像是把一颗石头扔进平静的湖面，激起了巨大的波澜。

但布鲁诺的这些新思想也给他带来了麻烦。1592 年，他因为这些观点被指控为"异端"，在威尼斯被捕。接下来的 8 年里，他被关押在罗马附近的圣天使城堡，遭受了严酷的折磨。即便如此，布鲁诺依然坚守着自己的信念，拒绝放弃对真理的追求。他向天主教会法官、耶稣会红衣主教罗伯特·贝拉明表示："我不应该也不会放弃信仰。"

最终，布鲁诺在 1600 年 2 月 17 日被判处火刑，牺牲在罗马的鲜花广场上。他的坚持和勇气使他成为自由思想的象征。虽然他在生前受到了许多误解和迫害，但到了 19 世纪，他的贡献得到了重新认识，爱因斯坦称赞他为"为人类智力的崇高尊严而殉道的人"。

那么，日心说到底是在何时取代地心说成为主流的呢？

从"地心"到"日心"：
哥白尼如何重塑宇宙观

1514 年的波兰，有本手写的小册子在朋友间悄悄传递，这是一本神秘的册子：没有作者，没有正式出版，没有印刷——是有人一笔一画亲手写的。而所有拿到这本小册子的人，无不震惊于其中的内容：简直是离经叛道，大胆极了！

他们谨慎地在自己的小圈子里传递着这本册子，在无人时偷偷地讨论。是的，他们不敢公开讨论，哪怕走漏一点风声也不行，因为他们要保护这本册子的神秘作者——尼古拉·哥白尼（Nicolaus Copernicus，1473—1543）。

这本哥白尼手写的册子名叫《短论》，真的很短，只有 4 页，在哥白尼最亲近的朋友中传阅。在这本薄薄的小册子里，哥白尼提出了自己石破天惊的日心说猜想。如果你穿越回去看到了这本小册子，也请一定要替他保密：嘘！

为什么直到 16 世纪才有人创立日心说呢？

这里面故事可多着呢，我慢慢给你讲。

地球不是宇宙的中心？

还记得我们之前说过的那本持续使用了 1 500 年的天文教科书——《天文学大成》吗？这本书确立了地心说的宇宙模型。在之后的 1 500 年里，人们都认为地球处于宇宙的中心，其他天体都齐刷刷地绕着地球转动。

但是，这个模型有一个非常明显的瑕疵：为了让理论和观测数据更吻合，地球并不是在圆心上的，而且这个理论中的轮子特别多，大轮子套小轮子，小轮子套小小轮子，80 多个轮子层层叠叠……真是麻烦得要命。

对这个模型感到失望的人很多，但没有人能提出更好的替代模型。直到 1473 年，终于有人找到了一个更好的模型，他就是尼古拉·哥白尼。在哥白尼 10 岁时，他的父亲去世了，他便跟着舅舅一起生活。哥白尼的舅舅是一位成功的教父，在他的指导下，哥白尼在 18 岁时进入了大学学习天文学和占星学。

在大学里，哥白尼有幸遇见了他的恩师诺瓦拉（Domenico Maria Novara，1454—1504）—— 一位才华横溢的学者。诺瓦拉不仅负责编纂每年备受期待的城市占星报告（这是一个需要巨大耐心和细致工作的任务），他还是天文学的狂热探索者。哥白尼成了诺瓦拉的得力助手，同时也是他的住客，与老师共同探究天文学的奥秘。

在一个普通的早晨，哥白尼匆忙地准备出门，这引起了诺瓦拉的注意。

"嘿，这么着急去哪儿？"诺瓦拉半是关心半是打趣地问道，"白天应该好好休息，别到了晚上观测星象时打瞌睡。"

哥白尼纪念碑，位于天文学家哥白尼的故乡波兰托伦，立于1853 年。

哥白尼的出生地（位于波兰托伦）与旁边的建筑一起，组成了现在的哥白尼博物馆。（版权：Stephen McCluskey，CC BY-SA 2.5）

"老师，我正要去书店，"哥白尼顿了顿，"去看看您推荐的那些书籍。"

诺瓦拉的眼睛里闪过一丝兴奋："那些关于托勒密的书吗？"

两人交换了一个默契的微笑。在诺瓦拉的指引下，哥白尼对地心说开始了深入研究。他购买了两本关键的著作：一本深入剖析托勒密天文学的基础理论，另一本则探讨了其他学者对行星模型的修正意见。在接下来的时光里，哥白尼沉浸在这些书的知识海洋中，一些与地心说相反的想法在他脑中慢慢酝酿，只是在那时，这些想法还是些模糊的影子。年轻的哥白尼可能还没有意识到，他将用一生追逐这些模糊的影子，把它们一点点落实成掷地有声的观念——这最终成了他一生的使命。

在随后的多年里，哥白尼离开诺瓦拉，游历了多所大学，最终回到故乡波兰，在弗龙堡天主教堂当上了牧师。他一边做着牧师的工作，一边把大量的业余时间扑在天文研究上。

经过长年累月的钻研与思考，哥白尼在四十一岁那年，将自己的洞见凝聚成一系列"假设"，这些假设被编录进他的小册子——《短论》中，这成了日后哥白尼革命性理论的雏形。

地球的中心不是宇宙的中心，不过是地月系的重力中心。

所有天体都以太阳为运行中点，因此太阳是宇宙的中心。

我们看见的太阳运动都是由天体运动引起的，我们的地球像其他行星一样绕日旋转。

……

其实，历史上有记载的第一位提出日心说的人不是哥白尼，而是古希腊天文学家、数学家阿利斯塔克（Aristarchus of Samos，约前310—约前230），他被称为"古代的哥白尼"。

看到《短论》里的内容，你可能会想：这不是日心说的观点吗？放在现在看，日心说已经是常识，为什么当年他不敢公布自己的这本小册子，只能在友人间偷偷传阅？他到底在怕什么呢？

哥白尼与他的《天体运行论》

原来，哥白尼怕的是基督教会。在中世纪的欧洲，基督教会的势力甚至比王室还大，他们严密地控制着人们的思想，甚至可以轻易剥夺一个人的生命。日心说的观点与《圣经》是冲突的：如果太阳是宇宙的中心，难道要万能的上帝围着太阳团团转吗？这个想法会让教会的那帮老顽固们把胡子都气冒烟。

当然，除了害怕教会，还有一个重要的原因阻止哥白尼发表《短论》。要知道，一个观点要想得到大家的认同，必须要有天文观测的确凿数据和复杂的数学推演来支持。一本只有观点、没有证据的小册子怎么能彻底说服别人呢？

于是，在人生的后半程，哥白尼就猫在他的阁楼里，一点一点地完善着他的观点。这可是一项宏伟的大工程，他一个人哼哧哼哧一干就是几十年。如果你在 1541 年的某一天敲开哥白尼的房门，可能会吓一跳：

一个六七十岁的老人佝偻着坐在一堆故纸堆中，这些纸堆层层叠叠，因为长时间翻阅而边角翘卷。纸张上布满了密集的文字符号，有些是英文，有些是像天书一样的古希腊文。有趣的是，它们像是有固定编号一样，有条不紊地排列着。如果你试图触碰这些珍贵的文件，可能会引来老人的责备：

"哎，孩子，别打乱了它们的顺序！"

你再看看老人的脸，岁月在他的额头上刻下了深深的痕迹，但他的双眼却异常明亮，当他专注于那些纸张上密密麻麻的小字时，眼中闪烁着锐利的光芒。

只要身体允许，哥白尼就会沉浸在工作中，一天接着一天。这就是哥白尼晚年的工作模式：他把过去各个时代的天文观测数据和自己的观测成果汇集对比，像图书管理员编排书籍一样有序地整理，寻找能使所有观测数据和谐统一的定律。当然，数学计算也是不可或缺的，他用几何的方式确定了结论，把结果谨慎地记录在一本厚重的著作中……

他在缓慢的钻研中，飞快地度过了自己的一生。1543 年，70 岁的哥白尼在奄奄一息之际，终于看到了他毕生心血的结晶——《天体运行论》正式出版。

憋屈的序言

《天体运行论》出版时，编辑为了通过教会的审查，替哥白尼写了一篇序言，大意是说："我让地球动起来，并且不在宇宙的中心，只是为了便于数学计算的一种假设，并不是真的。天文学实际上是很荒诞的，为了计算，什么样的胡说八道都出来了，大家千万别傻到认为这就是真实的宇宙。"

如果不这样写，《天体运行论》肯定会被教会以违背《圣经》为由而禁止出版。哥白尼看到了这篇序言，但病入膏肓的他也就默认了。长期以来，学界曾一度以为那篇序言是哥白尼自己写的，直到 19 世纪中叶，哥白尼的手稿在布拉格的一座图书馆中被发现，才还了他一个公道。

只有 15 位天文学家支持他

与哥白尼在中年时写的《短论》不同，《天体运行论》是一部厚厚的大部头著作，足足

《天体运行论》这本书主要讲了什么？这部书共分为六卷。第一卷是全书的总论，阐述了日心体系的基本观点；该卷第十章，绘制了一幅宇宙总结构的示意图，这幅图清楚地表明了哥白尼日心说的基本内容。第二卷应用球面三角，解释了天体在天球上的视运动。第三卷讲太阳视运动的计算方法。第四卷讲月球视运动的计算方法。第五卷和第六卷讲行星视运动的计算方法。

《天体运行论》中的日心说模型（公共版权）

有六卷本，其中不仅阐述了日心说思想，还有严格的数学论证和定量计算方法。这本书像划破黑夜的一道闪电，一下子把地球从宇宙的中心降到了普普通通的行星中的一员，而把太阳放在了中心。这真是对人类宇宙观的一场巨大变革。

嘿，骄傲的人类，你们并不是宇宙的中心。放低你们的身价吧，地球只是围绕着太阳转的一颗普通行星，与金星、水星、木星相比没什么差别！

你可能会以为《天体运行论》的横空出世会引起巨大的轰动，哥白尼成为偶像级科学家，人们的宇宙观来了个90度的急转弯……慢着慢着，真实的历史转向没那么快。实际情况是，有学者表示，在《天体运行论》发表60年之后，整个欧洲大陆仅有约15位天文学家支持哥白尼的学说……这简直让人大跌眼镜！到底是为什么呢？

原来，当时的人们也对日心说提出了大量的质疑，他们不理解：如果是地球围着太阳转，那转来转去的地球为什么没有嗖地把我们甩出去？如果地球在动，那为什么站在地球上的我们一点儿都感觉不到呢？

更重要的原因是，哥白尼的日心说虽然大体是正确的，但还存在瑕疵——哥白尼固执地认为宇宙中的天体运动一定是完美的匀速圆周运动，并且太阳一定处于圆心，不能有丝毫偏差……这种执念让他的日心说模型依旧摆脱不了地心说中讨厌的轮子。虽然数量从托勒密模型中的80多个，变成了30多个，但算起来还是既麻烦，又不准确，有时候计算结果甚至不如托勒密的地心说准确。

一个新诞生的理论，必然会被人用"放大镜"

细细挑错。试想，带着瑕疵的日心说哪能得到大多数人的青睐呢？直到哥白尼去世半个多世纪后，一个数学天才的出现让日心说几乎是脱胎换骨、重见天日……

 ## 想一想

哥白尼的日心说即使在今天被认为是正确的，但在当时也只有少数人支持。请你结合哥白尼的例子思考一下：一个科学理论被接受需要满足哪些条件？（至少想出 3 个）

知识卡

1. 哥白尼提出日心说

哥白尼提出日心说的宇宙模型，认为太阳是宇宙的中心，而非地球。

2.《天体运行论》

哥白尼晚年发表的著作，详细阐述了日心说，并提供了数学论证和观测数据。

3. 科学革命

日心说挑战了传统的地心说，引发了科学革命，推动了现代天文学的发展。

日心说走向胜利：
开普勒与伽利略的努力

1601 年深秋的一天，此时是哥白尼去世的第 58 年，一个名叫开普勒（Johannes Kepler，1571—1630）的年轻人正急匆匆地赶往他的老师——第谷·布拉赫（Tycho Brahe，1546—1601）的家中。他推开门，看到自己的老师正虚弱地躺在床上，脸色蜡黄，眼神迷离，好像已经到了弥留之际。

"老师，您这是……"开普勒想说什么，却哽在喉咙里说不出来。

第谷缓缓地说："每个人都有这一天，不用为我难过。我把人生中大部分的精力都倾注在热爱的事业上，已然无悔。唯一的遗憾是，我的行星运动理论还没有完成。现在，我把我这一生最宝贵的财富……"

开普勒的眼睛一点点睁大。

第谷继续道："……我多年的观测资料全部交给你了。你的数学天赋无人能及，我相信，只有你能不让它们白白浪费。"

开普勒的心脏忍不住剧烈地跳动起来，他眼含泪水，感谢老师的遗赠。当天晚上，第谷便离开了人世。

第谷是谁？他又留下了哪些观测资料？

请往下看……

数学天才开普勒

　　要知道，在第谷的那个时代，天文望远镜还没有被发明出来，但第谷凭借出色的视力和耐心，以前所未有的精度测定了许多天文数据。对于一个痴迷天文的青年来说，这简直是全世界最珍贵的财富。

　　第谷去世后，开普勒认真地执行着老师的临终嘱托，一边根据资料编制行星运行的星表，一边暗地里搞自己的天文学研究。研究什么呢？正是如何完善日心说！

　　原来，开普勒早在学生时代，就接触到了一本带有大量注释的《天体运行论》。从此他魂牵梦萦，一发不可收拾，成了哥白尼的坚定支持者，把完善日心说作为自己的使命。

　　一个人在精力最充沛的青年时代找到自己的使命，是开普勒的幸运之一。而非凡的数学天赋，是他的幸运之二。

　　与大多数天文学家不同，开普勒擅长计算而非观测。没办法，高度近视的他，在夜晚几乎无法观测星象。于是，一个个白天与黑夜，他伏案苦算，以第谷精确的观测数据为基础，与经典的圆形轨道模型进行比对。一次又一次的计算，让他发现了其中存在着 8 弧分，也就是仅仅约为 0.133 度的误差——这看似微小的差距，却如同天平上的一颗砝码，最终撬动了天文学的巨变。

　　为了解释这 0.133 度的误差，开普勒大胆地抛弃了传统的几何模型，尝试了各种不同的曲线。最终，他惊喜地发现，椭圆完美地契合了行星的运动轨迹，而太阳则位于椭圆的一个焦点上。这一突破性的发现，就是大名鼎鼎的开普勒第一定律。

　　第谷出生于丹麦的一个贵族家庭，从小不愁吃穿。他痴迷天文学，到 30 岁时，已经成为丹麦王国名气最大的天文学家。恰好当时的丹麦国王也是一个天文迷，他赐给第谷一座岛，叫汶岛，并且拨了一大笔钱给第谷。第谷用这笔钱在汶岛上造了两座豪华雄伟的天文台，并且雇用了 40 多个助手，20 余年如一日地进行观测。这让第谷拥有了当时世上最齐全、精度最高、时间跨度最长的恒星和行星观测数据，他将它们视为生命。

　　在当时观测水平的限制下，大多数天文学家都会对这个误差忽略不计，但开普勒却以一种惊人的科学严谨性以及洞察力，认为这个误差不可忽视。

1627 年开普勒的肖像（公共版权）

1619 年第一版《宇宙谐和论》（公共版权）

后来，他又发现了第二、第三定律。我们一起来看一看这些简明的定律——

开普勒第一定律：

行星绕日运行的轨道是一个椭圆，太阳位于椭圆的一个焦点上。

开普勒第二定律：

在相同的时间内，行星到太阳的连线扫过的面积相等。

开普勒第三定律：

行星绕太阳公转周期的平方与轨道椭圆半长轴的立方成正比。

怎么样？是不是看得一个头两个大：除了第一定律，第二、三定律看不懂，一头雾水啊！别担心，等以后学习了更多的数学知识后你就能理解了。

总之，开普勒以他强大的数学能力发现了这三大定律，以一己之力，首次揭示出行星与太阳之间如此隐秘的数学联系。他是天才，更是天文学史上的英雄，后世学者尊称开普勒为"天空立法者"。

借助开普勒三大定律，日心说得到了完善，计算天体的运动变得更加简单和精准。依据日心说的模型，人类现在只需要用 7 个椭圆，即金星、木星、水星、火星、土星、地球、月球的运动轨道，就能计算天体的运动。日心说也因此登上了大学课堂，在学术圈内广为传播。

你以为日心说就此彻底站稳脚跟了吗？事情可没那么简单。还记得那个让人头疼的问题吗？——如果地球在不断旋转，为什么我们不会被甩出去呢？

1619 年，开普勒在《宇宙谐和论》一书中讲述了他的发现之旅——

在黑暗中进行了长期的探索，借助第谷·布拉赫的观测，我先是发现了轨道的真实距离，然后终于豁然开朗，发现了轨道周期之间的真实关系。……这一思想发轫于 1618 年 3 月 8 日，但当时试验未获得成功，因此以为是假象，所以搁置下来。最后，5 月 15 日来临，一次新的冲击开始了……思想的风暴一举扫荡了我心中的阴霾。我以布拉赫的观测为基础进行的 17 年的工作，与我现今的潜心研究取得了圆满的一致。

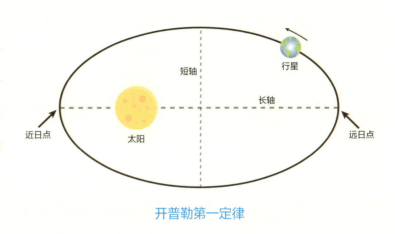

开普勒第一定律

一个接一个的发现

还记得改进了望远镜的伽利略吗？下一个对日心说做出重大贡献的人就是他。在发现了月亮上的陨石坑后，他又闲不住地把望远镜对准了夜空中的其他天体——在那个时代，把望远镜随便对准天空中的任何一个天体，都可能会有划时代的重大发现。

1610 年 1 月，又一个重大的天文现象向伽利略展露了端倪。

1 月 7 日，他把望远镜对准了木星，意外地发现，在木星附近有三颗芝麻粒一样大的小星星，一颗在木星西边，两颗在木星东边。这三颗星星像约定好了一样，恰好在同一条直线上。

"有趣，真有趣……"伽利略露出微笑。

"大概是恒星吧？"他想。

漫游星空

1610年，伽利略一共发现了木星的四颗卫星。后来，人们把这四颗卫星称为"伽利略卫星"。实际上，木星的卫星远不止四颗，但限于当时的条件，伽利略一开始只看到了四颗。现在，我们都知道，在太阳系的行星中，木星拥有的天然卫星是第二多的，数量足足有97颗，只是除了伽利略卫星体积较大以外，其余绝大多数的体积都很小。

出于经验与常识，伽利略以为这些小星星是恒星——毕竟天空中的恒星看起来都那么小。但刚好处在同一条直线上的情况还真不多见。他感慨着，在纸上画下三颗星星的位置。

几天后，他再次观察这部分天空，发现产生了更有趣的变化：三颗小星星都跑到了木星的西边，而且还是处在一条直线上。

"不对，不是恒星……"一个惊人的猜想在伽利略脑袋里形成，"它们难道都在绕着木星转，就像金星绕着太阳转一样吗？"

后来，他又孜孜不倦地追踪观测了好多天，最终确信，有四颗小星星围绕着木星转。

他的内心实在是有些激动——因为这个现象意义非凡。整整四颗星星绕着木星转动，而不是绕着地球，这不是对宣称的"一切天体都绕着地球运动"来了致命一击吗！

伽利略对日心说的贡献不止于此。要知道，伽利略还有一个重要的身份——物体运动理论专家。他发现了著名

通过业余望远镜拍摄的木星及其三颗卫星，与伽利略看到的可能相似（版权：NASA）

的伽利略相对性原理：力学规律在惯性体系中保持不变。这是什么意思呢？地球上的一切，树木、花草、会走会跳的你和我，都参与了地球的转动，整个地球就是一个巨大的惯性参照系。这意味着，我们随着地球转动，但丝毫也察觉不到！

这就好像你坐着飞机去旅游，哪怕飞机以 500 千米 / 小时的速度飞行，你也可以在机舱里自由地行走、享受食物，感觉平静如常，就像地球自转时我们感觉不到运动一样。

这个道理听起来很简单，但在当时的人听来却是醍醐灌顶、大受启发——它解答了"站在地球表面为何不会被甩出去"的问题。伽利略为地球的转动建立了一个牢固的理论基础，他的逻辑是如此无懈可击，从此，哥白尼的日心说总算彻底站稳了脚跟。

经典"科普书"：《对话》

为了普及日心说，伽利略创作了一本经典的"科普"著作：《关于托勒密和哥白尼两大世界体系的对话》。在书里，伽利略让三个人在四天中进行了一次长长的对话，有理有据又有趣地批判了托勒密的地心说，论述和发展了哥白尼的日心说。当然，这让当时的教会大发雷霆。

教会把《对话》列为禁书，还把伽利略抓了起来。1633 年 6 月 22 日，已经 69 岁的伽利略被带到宗教法庭，在法官面前公开招认了"异端"罪行。这次审判后，伽利略被软禁在佛罗伦萨郊外的一所别墅里，直到 1642 年 1 月离开人世。

教会可以迫害伽利略，但无法迫害真理。日心说像清晨的一缕曙光，虽发于微，但势不可挡。后来，随着艾萨克·牛顿（Isaac Newton，1643—1727）提出万有引力定律，

1632 年《关于托勒密和哥白尼两大世界体系的对话》的封面和标题页（公共版权）

日心说成为无可辩驳的科学真理，稳稳当当地雄踞科学殿堂。再后来，教会的权威日渐消退，只能老老实实地回归传教的本行。

日心说的提出和证明，是一段浩浩荡荡的历史。从哥白尼、开普勒、伽利略到牛顿，正是因为他们的不懈努力，人类对宇宙的理解才彻底改变。那么，这些科学巨匠到底是怎么做到这一切的呢？我想，他们的成就不是来自偶然，也不是简单的"勇气""智慧""坚持"等词语就能解释的，更关键的是他们使用的强大工具——观测、推理、数学。

《对话》是在什么情况下写的？

发现木星的四颗卫星后，伽利略四处宣传哥白尼的日心说。当时的伽利略已经是非常知名的大学教授了，因此他的影响力很大，越来越多的人站到了哥白尼的阵营中。罗马教廷此时坐不住了，如果任由事态继续发展下去，教会对人们的精神统治将发生动摇，他们绝不允许人们质疑《圣经》有一字半句的错误。

1616年2月，一个寒冷的冬天，宗教再次压制了科学。罗马教廷宣布：哥白尼的《天体运行论》为禁书，日心说的观点统统都是荒谬的，是异端邪说，不许任何人再加以宣扬，否则将被推向宗教裁判所。伽利略首当其冲，成了教会打压的重点对象。在教会的高压下，伽利略不得不退让，他声明停止宣传哥白尼的理论。教会还煞有介事地给伽利略签发了一张证书，证明此人已经放弃异端邪说。罗马教廷的这项禁令一直到三百多年后的1992年才被取消。

伽利略被教会压制了七年，到了1623年，老教皇驾崩，新教皇上位。这位新教皇乌尔班八世是一个相对开明的人，他还是伽利略的朋友。伽利略抓住一个机会，试探性地建议教皇取消禁令，教皇虽然没有答应，但是也不反对伽利略写一本讨论托勒密和哥白尼主要观点的书。当然，教皇要求伽利略要客观，不得贬低托勒密，吹捧哥白尼，尤其不能得出地球在运动的结论。

伽利略得了这个口谕后如获至宝，立即回家开始动笔，用整整六年时间写出了《关于托勒密和哥白尼两大世界体系的对话》。

想一想

　　伽利略通过观察木星的卫星，得出了不是所有天体都围绕着地球转的论断，推翻了地心说的一个重要论点。如果让你设计一个实验或观察计划，你会如何证明地球不是宇宙的中心？

知识卡

1. 开普勒第一定律

　　行星绕太阳运行的轨道是一个椭圆，太阳位于椭圆的一个焦点上。

2. 伽利略的相对性原理

　　地球上的一切物体都随着地球一起转动，但由于惯性，我们感觉不到这种运动。

3. 日心说的确立

　　通过开普勒和伽利略的研究，日心说成为科学界公认的宇宙模型。

揭秘太阳系的巨无霸家族：从木星到海王星

1961 年夏天，25 岁的迈克尔·米诺维奇（Michael Andrew Minovitch，约 1936—2022）加入美国航天局喷气推进实验室，成为一名实习生。然而，与其他实习生的兴奋雀跃不同，米诺维奇总是顶着一副黑眼圈，昏昏沉沉的。

原来，为了攻克"限制性三体问题"，米诺维奇每天都工作 12—16 个小时，睡眠时间严重不足。在一个个熬夜攻关的夜晚，灵感终于降临。他发现，当飞行器靠近金星、木星等行星时，可以利用行星的引力，像"偷"取速度一样，获得额外的加速，而无须消耗任何燃料！

这个发现让米诺维奇兴奋不已。他意识到，这将彻底改变太空旅行的方式。飞行器借助行星的引力加速，甚至可以进行无限制的太空旅行，探索整个太阳系。

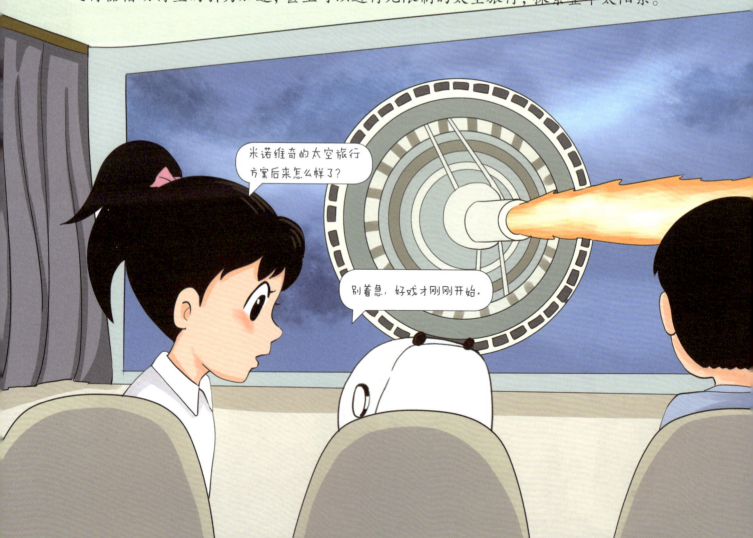

175 年一遇的行星排列

　　20 世纪 60 年代正处于太空探索的黄金时代。阿波罗登月计划是大多数人关注的焦点，除此以外，飞船一艘接一艘，勇敢地前往金星、火星，人们期盼着就这样一路向着遥远的气态行星出发，开启一场横跨整个太阳系的宏伟巡游。

　　然而，事情并没有那么简单。要知道，太阳占据了整个太阳系质量的 99.86%，这个巨无霸产生的强大引力，像秤砣一样牢牢"牵引"着想逃离它的物体。飞行器要想飞到遥远的土星、木星，需要巨大的火箭带来强大的推进力，这是一项超越了当时人类技术能力的挑战。一段时间以来，人造飞行器只能在太阳附近的空间里无奈地绕圈圈。

　　这时候，美国航天局的实习生米诺维奇提出了一个巧妙的解决方法：让行星帮忙"推一把"不就行了！根据他的理论，飞行器就像是弹弓上的石子，通过精心设计的轨道，它能够"弹射"到行星旁边，在行星的引力作用下获得加速，再"嗖"地弹回去。这个理论后来被称为引力弹弓效应。

什么是引力弹弓

　　想象一下，你向一辆大卡车扔一颗球，球的速度是 10 km/h。如果大卡车静止不动，那么球会以原速，也就是 10 km/h 的速度反弹回来；但如果大卡车正以 50 km/h 的速度开过来，那么你的这颗球就会成功"偷"到卡车的速度，以 60 km/h 的速度反弹。加速就这样实现了！（太空飞行器在撞上行星之前，就会启动喷气引擎，所以并不会真的撞上行星。）

　　1973 年，先驱者 10 号探测器首次利用引力弹弓效应达到逃逸速度离开太阳系。经过木星时，它的速度从 52 000 km/h 增加到 132 000 km/h。1974 年，水手 10 号也成功利用金星的引力到达了水星。神奇的"弹弓"真的有效！

他把自己的想法整理成一份 47 页的文件，提交给喷气推进实验室，却遭到了无情的驳回：一个初出茅庐的研究生，怎么可能创造出全新的太空旅行理论呢？

为了说服固执的主管，米诺维奇手工绘制了数百个到外行星的任务轨迹，其中有一条轨迹显得分外独特——他预言，到 20 世纪 70 年代末，一个天文奇观将要上演：木星、土星、天王星、海王星会像珍珠一样串在一条"项链"上，与地球形成一条长长的弧线。靠着木星强大的引力场，飞行器可以一次性拜访这四大行星，实现前所未有的太阳系大巡游……这种难能可贵的巧合每 175 年才出现一次。

向着巨行星出发！

旅行者号（版权：NASA）

为什么先出发的是 2 号，后出发的反而是 1 号？往下看你就明白了。

1977 年夏天，摇滚乐队的乐曲从晶体管收音机中飘出，大多数物理系的学生都在忙着往背包里塞行李，为暑假的公路旅行做准备——这注定是一个火热的夏天。很少有人知道，两艘航天器即将在佛罗里达州的卡纳维尔角发射，它们将代表人类前往太阳系的气态行星，完成穿越太阳系的旅行。

没错，米诺维奇最终得到了认可。为了不浪费这个 175 年一遇的机会，旅行者计划出现了，两艘航天器将在 12 年里穿越 4 颗行星的轨道！

1977 年 8 月 20 日，旅行者 2 号率先发射升空。仅仅两个星期后的 9 月 5 日，旅行者 1 号也发射了。1 号和 2 号是完全相同的两艘探测器，从外观到大小，再到配置——除了编号，哪里都一样，活脱脱的一对"双胞胎"。

　　这对"双胞胎"都有着一个直径 3.7 米的"大锅盖"，还有几条细得可怜的"胳膊"，像极了发育不良。"大锅盖"是旅行者号用来联系地球的天线，"胳膊"是吊杆，上面挂着照相机、光谱仪等宝贝。

　　幸运的旅行者号赶上了 175 年一遇的独特路线，它们只需要厚着脸皮，挨个"蹭"行星的引力就可以轻轻松松地实现加速。至于它们携带的那一丢丢燃料，在关键的时候用来调整航道就好了。

　　一年多后，旅行者 1 号顺利通过了小行星带，来到它的第一个"加速站"——木星。

　　左：一名工程师正在建造旅行者号的高增益天线，这张照片拍摄于 1976 年 7 月 9 日。（版权：NASA/JPL-Caltech）

　　右：1977 年 3 月 23 日，工程师们正在为旅行者 2 号在当年的发射做准备。（版权：NASA/JPL-Caltechu003c/strongu003e）

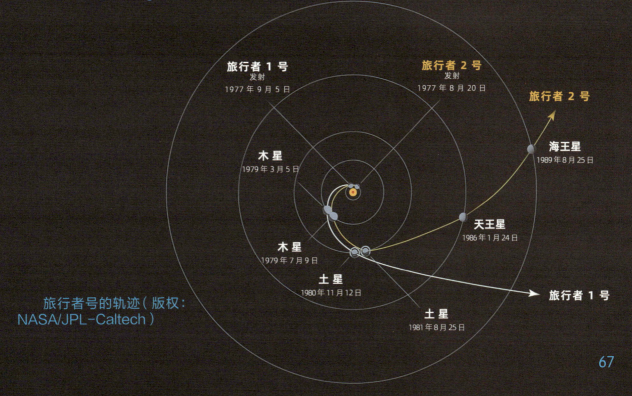

旅行者号的轨迹（版权：NASA/JPL-Caltech）

木星的"跟拍摄影师"

1979 年 1 月，喷气动力实验室里人头攒动。所有的主要会议室和走廊里都安装了电视监视器，可以播放旅行者 1 号传回的画面。科学家们、工程师们，甚至是普通工作人员，都驻足观看，哪怕手头还有重要的工作，也忍不住多看一会儿。日子一天天过去，监视器里的画面越来越清晰——借助旅行者 1 号的相机，人类第一次如此清晰地看到这颗壮丽的木星——巨大的气旋、色彩斑斓的云层，还有无数的卫星。这太让人兴奋了！

在发射的 546 天后，1979 年 3 月 5 日，旅行者 1 号到达了它离木星最近的位置。为了不浪费这个绝佳的机会，旅行者 1 号睁大了眼睛，对木星进行了连续 48 小时的拍摄。

在旅行者 1 号化身木星的"跟拍摄影师"时，旅行者 2 号距离木星还有整整 4 个月的路程——它落在了旅行者 1 号的后面。这也是为什么旅行者 1 号明明是第二个出发，却叫"1 号"的原因：无论是木星还是土星，旅行者 1 号都抢先一步到达，它用了一条更近的轨道。

虽说天文学家们已经用望远镜研究了木星好几个世纪，但旅行者号的发现还是让他们大为惊讶：木星的大红斑原来是一个巨大的气旋，就像地球上的台风眼一样，只是这个"台风"大得惊人，直径是地球的 1.3 倍，也就是说它能把整个地球都吞进去！

为了拍摄出清晰的照片，旅行者号被设计得相当平稳，在太空中快速移动时几乎不会旋转。

旅行者 1 号拍摄的木星特写，右上角为大红斑（版权：NASA/JPL-Caltech）

旅行者 1 号于 1979 年 2 月 5 日拍摄的木星，能看到木星最大的四颗卫星中的三颗。当时，旅行者 2 号距离木星 2 840 万千米。（版权：NASA/JPL）

坏了的比萨？

如果你在 1979 年的某一天走进加州理工学院，打算欣赏旅行者号传来的绝佳图像，你可能会被眼前斑斑驳驳，充满橙色、黑色的画面吓到："天啊，这是恶作剧吧？这难道是木星的卫星吗？看起来更像是一块破碎的比萨！"

没错，你的震惊完全可以理解。在木卫一被发现之前，人们一直以为卫星都跟月球一样，颜色单调，表面坑坑洼洼。木卫一异常奇特的色彩组合真是一个扎眼的另类。

旅行者号拍摄的木卫一，像素较低（版权：NASA）

其实，早在旅行者号离木星还有 160 万千米时，喷气推进实验室的科学家们就发现了一些异常的信号——氧和硫离子的密度与当时的测量水平相比竟然上升了三倍。是仪器发生故障了吗？团队仔细检查了数据，但没发现任何问题。原来，这些异常的信号不是来自木星，而是来自飘荡着火山灰的木卫一。没错，木卫一上有活火山，而且至少有 9 座，向太空喷射着地底的能量——它表面的奇异颜色也来源于此。

这真是个大新闻！以前，人们以为活火山是地球"独享"的，现在，在这个比月球略大一点儿的卫星上，火山活动的活跃程度竟然是地球的十倍！木卫一上最大的火山——贝利火山喷发出的火山灰高度甚至能达到珠穆朗玛峰的 30 倍。

"游历"了木星和它的卫星们，顺便给自己加了个速，旅行者 1 号心满意足地奔向它的下一个目的地——土星。

伽利略号宇宙飞船于 1996 年拍摄的木卫一合成照片，这是一个真正的火山王国，有数百座火山随时喷出熔岩和含硫气体。（版权：NASA/JPL/University Of Arizona）

旅行者 2 号于 1981 年 8 月 4 日在距离木星 2 100 万千米以外的地方拍摄了这张照片（版权：NASA/JPL）

土星环的特写图，可以看到许许多多微小的环组成了土星周围较大的环（版权：NASA）

土星光环

1980 年 11 月，全球 1 亿观众齐刷刷地守在电视机前，屏息期待旅行者 1 号与土星相遇的经典时刻，世界各地的记者争相报道这个"人类航空探索史上前所未有的事件"。漆黑的宇宙背景中，土星坦然地向人类展示它的真容——这个浅黄色的气态行星像一件精致的艺术品，一个圆圆的光环优雅地环绕着它，明明是真实的画面，却呈现出如此不真实的美丽。

这是人类第一次如此近距离地观察神秘的土星环。原来，在地球上看起来宽宽的光环，是由数千个小环组成的。这些小环一个挨一个，有的挨得近，有的挨得远，留出大大小小的缝隙，还有许多"小疙瘩"混在其中。更让人惊奇的是，这些由冰和石块组成的光环，竟然进行着精妙的引力舞蹈，像空中的大雁一样，不时地变换队形。

旅行者 1 号的仪器还告诉我们：土星的大气层主要是由氢气组成的，它的表面风速高达 500 米 / 秒，比地球上最恐怖的龙卷风速度还要快两三倍。

土卫六上有外星生命？

在旅行者 1 号到达土星前，有一个非常重要的"插曲"——飞越土卫六，即泰坦星。可能你觉得，只是探访土星的一颗小卫星，算不上什么重头戏。但就是为了这个土卫六，旅行者 1 号将无法探访天王星和海王星。而如果旅行者 1 号未能成功观测到土卫六的话，旅行者 2 号将会马上转变轨迹飞越土卫六，放弃对天王星和海王星的探访。

这颗卫星为什么如此重要？

原来，先驱者 11 号在 1979 年飞越土星时，意外地发现土卫六的大气层比地球的还要浓厚。在如此浓厚的大气层下面会是什么呢？是否有外星生命存在的可能？

世界上最美妙的莫过于希望。1980 年 11 月 12 日，旅行者 1 号正式飞临了这个令人神往的异星世界。

在旅行者 1 号的镜头中，土卫六被一层神秘的橙色烟雾遮挡，这层烟雾在厚厚的大气层上方。检测发现，土卫六的大气成分主要是氮气——与地球一样。值得注意的是，还含有一定量的甲烷。这一点点的甲烷让科学家们忍不住设想：在泰坦星上，会不会有一种神秘的外星生命把液态甲烷当作水一样，在厚厚的云层下生活呢？

泰坦星勾起了科学家们的强烈好奇，但没办法，旅行者 1 号只能做到这些了。近 20 年后，美国航天局又派出另一艘航天器卡西尼号，让它携带着的着陆器惠更斯号在泰坦星上降落，足足观测了这颗神秘的卫星 90 分钟。当然，这是后话了。

至此，旅行者 1 号的太阳系行星之旅画上了句号。在土星引力的帮助下，旅行者 1 号达到了第三宇宙速度，有能力冲出太阳系。而另一边，旅行者 2 号的太阳系之旅尚未结束……

旅行者 1 号拍下的泰坦星像一个鸡蛋（版权：NASA）

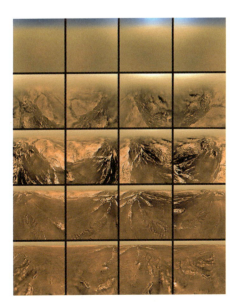

20 多年后，卡西尼 - 惠更斯号拍下了泰坦星的表面（版权：NASA）

躺着打滚的天王星 VS
长着黑斑的海王星

旅行者号观测了天王星广阔的光环，发现了两个以前未知的光环（版权：NASA/JPL-Caltech）

旅行者 2 号于 1986 年抵达天王星，观察到一层薄雾遮住了天王星上大部分的云层特征（版权：NASA/JPL-Caltech）

这张海王星的照片是通过旅行者 2 号探测器上的窄角相机，用绿色和橙色滤光片拍摄的，经过了色彩增强处理。实际上，经过正确的色彩校准后，海王星呈现出与天王星相似的淡蓝色调。（版权：NASA）

　　完成土星观测后，旅行者 2 号奔向它的下一个目标——天王星。在持续飞行了近 5 年后，1986 年 1 月 24 日，它终于和天王星相遇了。

　　与木星和土星相比，天王星的长相平淡得让人失望。但是，平淡并不意味着无趣。

　　天王星最特别的就是它的自转，它的自转轴倾斜得超级厉害，足足倾斜了 97.77°，几乎就是在躺着打滚（想象一只圆滚滚的大熊猫打滚的画面）。因为奇特的"躺平"造型，天王星的两极分别有长达 42 年的极昼和极夜。而旅行者 2 号发现，这种倾斜也影响了天王星的磁场，磁尾因为天王星的转动而扭曲成了一个螺旋，跟在天王星的后方。

　　离开天王星 3 年多后，1989 年 8 月 25 日，旅行者 2 号来到了海王星。这是旅行者 2 号造访的最后一颗行星了。事实证明，海王星远比天王星上镜，它的照片完全没有让人失望——像地球一样明亮的蓝色，白色的云带，还有一个像木星大红斑一样的大黑斑。但是，这颗"黑斑"在几年以后就消失了。海王星上的风速极大，能达到每小时近 2 000 千米，地球上的龙卷风跟它比起来简直就是"和风细雨"，太温柔了。

　　就这样，旅行者 2 号完美地利用了 175 年一遇的行星排列，成为有史以来第一艘造访天王星和海王星的航天器，也是史上最多产的航天器。至此，太阳系八大行星终于都被人类探访过一次了！

暗淡蓝点

在旅行者号离开海王星后，旅行者号科学小组成员、知名科学家卡尔·萨根（Carl Edward Sagan，1934—1996）提出了一个建议：让旅行者1号在距离地球60亿千米之外的地方"回眸一瞥"，最后看一眼我们的太阳系家园。于是，在1990年2月14日，旅行者号回头拍下了60张太阳和行星的照片——这也是前所未有的，第一次从远离家园那么远的地方，拍下太阳系的全家福。

康奈尔大学的行星科学家卡尔·萨根（版权：NASA）

于是，我们看到了在浩瀚的宇宙中最真实的太阳系。

我们也看到了在宇宙尺度中最真实的地球——拥有约53亿人（1990年全球人口数），拥有巍峨的高山与广阔的海洋，孕育了一万亿种生命的地球——在一张最著名的"暗淡蓝点"（Pale Blue Dot）照片上，它只是孤悬于广袤空间中的一个淡蓝色小点儿，非常微小，就像沙漠中的一粒小芝麻。

不知道这张照片有没有震撼你的心灵？"暗淡蓝点"照片传回地球后立刻引起了轰动，它真实地提醒人类，自己到底有多渺小。

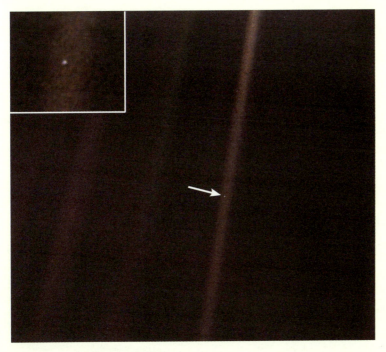

1990年原版"暗淡蓝点"，你能在其中找到地球吗？（版权：NASA/JPL-Caltech）

驶向未知的深处

现在，就在你读到这一句话的此刻，旅行者号的旅行仍在继续。它们闭上了"眼睛"，也关闭了"鼻子""耳朵"等其他仪器，以单薄而渺小的身躯，驶向人类可能永远也无法抵达的宇宙深处。

它们唯一还在做的事，就是偶尔向地球发送一点信息。2024年，旅行者1号发出的信息要22.5小时才能到达地球。现在，NASA的工程师们正启动旅行者号"节能计划"，力争使至少一台探测器持续工作至2030年。

我们还能在新闻里偶尔看到它们的消息：

2012年8月25日，经过35年的飞行，旅行者1号已经离开太阳系，成为首个离开太阳系的人造物体。

旅行者2号将继续从星际空间返回数据，直到2025年左右。

旅行者1号预计将在大约300年后抵达理论中的奥尔特云，并用3万年才能完全通过。

……

还有一个消息想告诉你：2022年9月16日，米诺维奇博士去世了，享年86岁。在他发现的引力弹弓效应的启示下，旅行者号们冲出了太阳系，旅行者1号更是成为有史以来离地球最远的人造飞行器。人类的生命是有限的，脆弱的肉身无法撑过漫长的岁月，终有一天会走向腐朽，然而，值得庆幸的是，人类的智慧却有着永恒的生命力，在无尽的宇宙中留下痕迹。

旅行者号纪念海报（版权：NASA/JPL-Caltech）

旅行者号大旅行的艺术海报（公共版权）

1977 年发射的"双胞胎"旅行者号宇宙飞船是我们驻银河系其他地区的大使，在停止与地球的通信后，它们注定将继续绕银河系中心运行数十亿年。（版权：NASA/JPL-Caltech）

 想一想

如果米诺维奇没有提出引力弹弓效应，你认为人类探索太阳系气态行星的计划会受到哪些影响？

知识卡

1. 引力弹弓效应

利用行星的引力为飞行器加速，就像用弹弓弹射石子一样，飞行器无须消耗燃料即可获得额外速度。

2. 旅行者号探测器

旅行者 1 号和 2 号是目前为止人类探索太阳系最远的航天器。

3. 太阳系巨行星

太阳系中的巨行星分为气态巨行星（木星、土星）和冰巨星（天王星、海王星），它们体积庞大，主要由气体和冰态物质组成。

V O Y A G E R

Voyager 1 Sept. 5th
Voyager 2 Aug 20th 1977 Io Volcanoes | Titan Atmosphere | Triton Geysers | Pale Blue Dot | Interstellar Space 2017

40th ANNIVERSARY

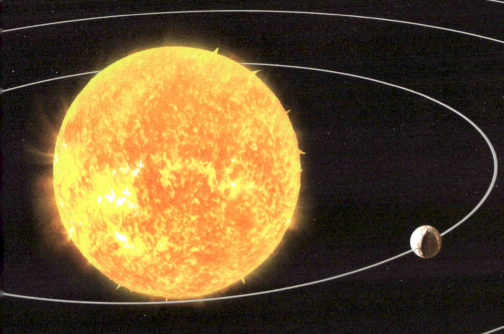

太阳系中有八大行星，我们的地球家园是其中之一。根据离太阳的距离由近到远排列，这八大行星分别是……

八大行星

水星

- 太阳系中最小、公转周期最短、离太阳距离最近的行星。
- 昼夜温差极大，白天表面温度可以达到430℃，但是到了晚上温度又会跌落到−180℃左右。
- 表面就像月球表面一样，布满大大小小的环形山。

金星

- 唯一自东向西逆向自转的行星。
- 大气层主要由二氧化碳组成，温室效应非常严重，表面温度高达464℃，比水星还要热。
- 金星在夜空中的亮度仅次于月球，是第二亮的自然天体。

地球

- 目前宇宙中已知存在生命的唯一天体。
- 两极稍扁、赤道略鼓的不规则椭圆球体。
- 表面约71%为海洋，29%为陆地。

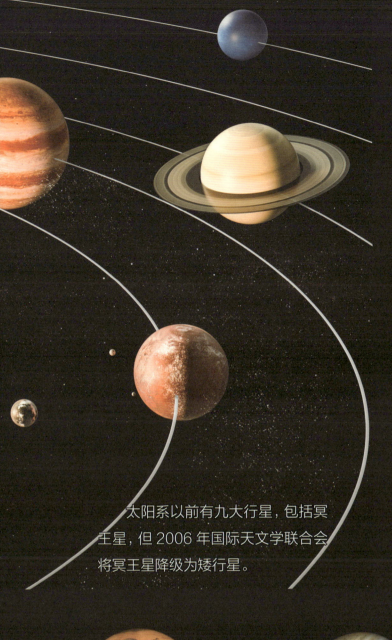

海王星

● 太阳系中离太阳最远的一颗行星，绕太阳一圈要 165 年。

● 大气中有许多湍急紊乱的气旋在翻滚，是一个狂风呼啸、乱云飞渡的世界。

● 表面温度很低，通常在 -200℃ 以下。

天王星

● 一颗远日行星，大气层中的甲烷反射蓝色光，使它呈蓝绿色。

● 自转轴是"躺着"的，它的自转像是在地上打滚。

● 84 年才绕太阳一圈，地球上的一个季节只有 3 个月，而天王星上的一个季节会持续 21 地球年。

太阳系以前有九大行星，包括冥王星，但 2006 年国际天文学联合会将冥王星降级为矮行星。

火星

● 两极与地下拥有丰富的水资源。

● 表面温度极低，常年平均温度为 -60℃ 左右，最低温度可达约 -140℃。

● 除地球以外，对生命最友好的太阳系行星。

木星

● 体积是地球的 1300 多倍，质量是其他七大行星质量总和的 2.5 倍。

● 气态巨行星，主要由氢和氦组成，人类的探测器很难在上面着陆。

● 有 97 颗卫星，是目前发现的卫星数第二多的行星。

土星

● 气态巨行星，体积仅次于木星。

● 最大的特点是拥有土星环，看上去好像一顶漂亮的遮阳帽飘浮在茫茫宇宙中。

● 拥有卫星最多的行星，其中"土卫二"的冰冻表面下有液态海洋，可能存在生命。

在火星和木星的轨道之间，聚集着大约一百万颗小行星。它们也像行星一样绕着太阳转，但体积和质量都比行星小得多。这被称为小行星带。

为什么小行星聚集在这里?

科学家们认为，小行星是由太阳系形成时期的微行星演变而来的，它们聚集在小行星带中，"大胖子"木星的引力起了很大作用。

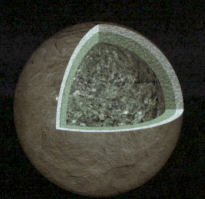

谷神星的内部结构：最内层，即"地幔"，主要由水合岩石（如黏土）组成；外层是 40 千米厚的地壳，是冰、盐和水合矿物质的混合物；两者之间可能是盐水。（版权：NASA/JPL-Caltech/UCLA/MPS/DLR/IDA）

人类发现的第一颗"小行星"——谷神星

1801 年，朱赛普·皮亚齐（Giuseppe Piazzi，1746—1826）在西西里岛进行天文观测时发现了第一颗小行星。他给这颗小行星起名为"谷神·费迪南星"。"谷神"是西西里岛的保护神，这个好听的名字被保留了下来。第一颗小行星的正式名称是"1 Ceres（谷神）"。谷神星在 2006 年被国际天文学联合会重新定义为矮行星，但它仍然是小行星带中最大的天体。

谷神星
939 km

灶神星
525 km

智神星
512 km

健神星
434 km

最大的四颗小行星的大小对比（左边第一个是谷神星）（版权：NASA/JPL-Caltech/UCLA/MPS/DLR/IDA, ESO）

柯伊伯带

橙色轨道代表了典型的柯伊伯带天体（KBO）的轨道，黄色圆环则代表了冥王星的轨道。

柯伊伯带是什么？

在海王星的轨道外，有着一片密集的天体，形状就像一个甜甜圈。截至 2025 年，人类已记录了超过 3 000 颗柯伊伯带天体。当然，这只是其中的一小部分。天文学家估计，柯伊伯带至少有数十万颗直径至少 100 千米的天体。科学家们猜测，这些天体是环绕着太阳的原行星盘碎片，因为没能成功结合成行星，所以散落在这里。

奥尔特云

柯伊伯带以天文学家杰拉德·柯伊伯（Gerard Peter Kuiper，1905—1973）的名字命名，他于 1951 年发表了一篇科学论文，推测冥王星以外的物体。（版权：Gelderen, Hugo van / Anefo, CC BY-SA 3.0 nl）

冥王星是第一颗被发现的柯伊伯带天体，发现于 1930 年。又过了 62 年，第二颗柯伊伯带天体才被发现。（版权：NASA/JHUAPL/SwRI）

奥尔特云是什么？

它们分布在太阳系的边缘，离太阳非常非常远。从示意图上看，它就像包围着太阳和八大行星的一大块蓬松的棉花糖，是一个巨大的球形外壳。奥尔特云中的天体可以像山一样大，甚至更大！这片黑暗、寒冷的区域是迄今为止太阳系中最大、最遥远的区域，被称为"彗星仓库"。

太阳系到底有多大？

太阳系就像一个大家庭，太阳是中间的"大灯泡"，八大行星是围着"灯泡"跳舞的孩子。最远的海王星离太阳大约 45 亿千米，往外的柯伊伯带离太阳大约 50—75 亿千米，再往外的奥尔特云离太阳至少约 3 000 亿千米，它的外部边界就更大了！

巨行星到底有多大？

在浩瀚的宇宙中，巨行星以其庞大的体积和独特的特性吸引着无数天文学家的目光……

木星：太阳系的巨人

太阳系中最大的行星，其直径约为 139 822 千米，体积约为地球的 1 321 倍。这意味着，如果将地球放入木星的体积中，木星可以容纳 1 321 个地球。这种巨大的质量赋予了木星强大的引力，使其能够捕获大量卫星。

土星：环绕的美丽

土星以其华丽的环系而闻名于世，其直径约为 116 464 千米，体积约为地球的 764 倍；质量约为地球的 95 倍。

天王星：冰巨星的神秘

天王星是第三颗巨行星，直径约为 50 724 千米，体积约为地球的 63 倍，质量约为地球的 14.5 倍。与木星和土星不同，天王星被称为"冰巨星"，因为它主要由氢、氦和冰态物质组成。

海王星：深邃的蓝色世界

海王星是太阳系中最远的巨行星，直径约为 49 244 千米；体积约为地球的 58 倍，质量约为地球的 17 倍。大气中的氢、氦和甲烷，赋予它独特的深蓝色。

宇宙中的岛屿：银河系

传说中，天界有一位织女，她是一名技艺精湛的织布高手，每天都为天空编织着缤纷的彩霞。然而，随着时间的流逝，织女开始感到疲惫、厌倦："唉，一成不变的日子太无聊了。"于是，她偷偷来到人间，嫁给了一个名叫牛郎的年轻人，过上了朴实而幸福的日子。

但是，织女私自下凡引来了王母娘娘的震怒，王母娘娘将织女带回天宫，只允许她和牛郎在每年农历的七月初七相会一次。他们的见面地点，是夜空中璀璨的银河，也就是古人所说的"天河"。在这一天，无数喜鹊飞过来，用身体搭成一座横跨天河的"鹊桥"，为织女和牛郎搭建爱的通道。这便是众所周知的牛郎织女的故事。

在世界的其他地方，也有许多与银河有关的传说：

在希腊神话中，女神赫拉在哺乳婴儿时溅出的白色乳汁被称为"Milky Way"——银河。

古代亚美尼亚神话中，一位神祇拉着一车偷来的麦秆逃跑，当他飞越天空时，一些麦秆撒落在路上，成了银河。银河被他们称为"稻草之路"或"小贼之路"。

切罗基族的民间故事里，一只神狗偷走了人类的玉米面，在逃跑时跳上天空，洒下的玉米面变成了繁星，银河就是"狗跑过的地方"。

……

从"天河"到"牛奶路"，从"稻草之路"到"狗跑过的地方"，这些都是人类对未知宇宙的无限想象与解读。面对同一个客观存在，人们的想象还真丰富！那么，银河到底是什么？

"音乐家"揭开银河形状的秘密

　　1789年的一个普通日子里，英国的小村庄斯劳突然变得热闹非凡。贵族和平民们从四面八方赶来，他们的目的只有一个——来看那个引起轰动的巨大建筑。那是一台巨大的望远镜，长度足足有12米，被三角形的木梁支撑着，像个巨人一样对准天空。

　　这座望远镜是由一位名叫威廉·赫歇尔（Frederick William Herschel, 1738—1822）的天文学家建造的。他花了好几年时间，把皇家赞助的钱花了个精光，就为了造这台望远镜。完工的那一天，整个村庄都欢呼起来，人们纷纷来看这个科学奇迹。

　　为了让这架望远镜永垂不朽，在那个没有相机的时代里，艺术家们用笔把它精细地描绘下来。这些插图在世界各地的书籍和小册子中一版再版，人们都能一窥这个有史以来最大的科学仪器。

　　但让人吃惊的是，望远镜的建造者——赫歇尔以前竟然是一个音乐家，他从43岁才开始正式进行天文学研究！那么，赫歇尔为什么要造天文望远镜呢？

83

赫歇尔一生中共制造了 400 多架望远镜，除了自己用，他还卖给外国人，赚取外快。其中最大、最著名的就是文章开头提到的那台 12 米长、口径 1.26 米的反射望远镜，它在很长一段时间内，都无人超越。

赫歇尔和他的妹妹的石版画，作于 1896 年。画面中，赫歇尔正在抛光望远镜元件，而他的妹妹正在添加润滑剂。（版权：Wellcome Collection gallery）

磨镜子的人

1738 年，赫歇尔在德国汉诺威出生。他的爸爸是一位军队音乐家，赫歇尔从小就伴着音乐长大，成年以后也成了军队里的一名乐队成员。但后来，法国占领了汉诺威，赫歇尔不得不逃到英国，在那里继续靠音乐谋生。

在不忙于演出和作曲的时候，热爱学习的赫歇尔恶补英语和拉丁语，还阅读了牛顿和莱布尼茨（Gottfried Wilhelm Leibniz，1646—1716）的大作，对科学渐生兴趣。有一天，他偶然看到了一本名叫《光学》的书，书里详细地介绍了望远镜的制作过程和原理，一下子把赫歇尔吸引住了。

1773 年，35 岁的赫歇尔开始第一次亲手制作望远镜——为什么要自己做，而不是去商店里买呢？因为当时市面上的望远镜要么太小，要么太贵，赫歇尔都不满意。

几个月的折腾，活脱脱让赫歇尔的房子变成了工作室——装饰精美的会客厅，堆满了各种各样的管子和支架；温馨舒适的卧室，也安上了巨大的装置。不知多少个日日夜夜，赫歇尔就窝在家里像个工人一样打磨镜片，眼睛像是长在了玻璃片上，一天能整整工作 16 个小时。

这一天，赫歇尔的妹妹彻底看不下去了："哥哥，你至少先吃口饭吧？"

可赫歇尔头也不抬，连吃饭的时间都不想和镜片分开。无奈之下，赫歇尔的妹妹只能把食物一口一口地喂进他嘴里——没错，这是赫歇尔的妹妹卡罗琳在日记中真实写下的故事！卡罗琳是赫歇尔最重要的助手。

终于，在 1774 年，赫歇尔成功地做出了一架口径 15 厘米、能放大约 40 倍的望远镜。通过它，赫歇尔第一次看到了猎户座大星云，并清楚地看到了土星的光环——从此以后，赫歇尔就彻底入了天文学的"坑"，再也出不来了。

一夜成名

成功制造出望远镜的赫歇尔开始系统地"巡视"星空。在这个时候，谁也不知道天文观测在他心中是游戏和好奇的成分更多，还是科学探究的成分更多。

但我们能确定，赫歇尔绝对是个运气非常非常好的人。

1781 年 3 月 13 日晚上，他像往常一样，拿起望远镜观测星空，在金牛天区天关星附近观测到一个不一般的星体——画面里的它"胖乎乎"的，个头儿明显比其他恒星大。

他兴奋起来："可能是一颗彗星！"

于是，一连四个晚上，他都在观察这颗星星，发现它的位置相对于附近的恒星有了一点点变动。它肯定不是恒星！

他把这个发现告诉了格林威治天文台和牛津天文台——他们证实了，赫歇尔发现的竟然是天王星！这是人类历史上用望远镜发现的第一颗行星。

> 其实天王星是一颗肉眼可见的行星，虽然很暗，但眼力极好的人也是能看见的，伽利略也看见过它（后人在伽利略的手稿中发现，他曾经把天王星误当作木星的卫星）。只是由于天王星的公转周期长达 84 年，因此肉眼很容易把它当作一颗恒星。

旅行者 2 号拍摄的天王星，薄雾遮住了星球的大部分特征（版权：NASA/JPL-Caltech）

赫歇尔天文博物馆中的望远镜复制品，与赫歇尔发现天王星的望远镜类似（公共版权）

漫游星空

一夜之间，赫歇尔从一个小镇音乐家变成了世界闻名的天文学家。皇家学会邀请他成为会员，每年 200 英镑的养老金让他再也不用为赚钱发愁了。从此，赫歇尔放下音乐，全心全意地扑向天文学。

数星星

在 43 岁时，赫歇尔终于成为一名职业天文学家。而在这一年，另一件事影响了他的一生。

他收到了查尔斯·梅西耶（Charles Messier，1730—1817）在 1781 年再版的《星云星团表》。这份目录上仔仔细细地记录了 100 余颗天体，有位置、有编号，它们分属于若干个星云。要知道，在那个年代，大多数天文学家还搞不清天上的星云到底是什么，有些人觉得星云是由一些会发光的液体组成的。

而当赫歇尔把他自制的强大望远镜对准星空时，却发现，这些乳白色的星云可以分解成一颗一颗的恒星！

"如果我去做星云的目录，肯定会比旧的这本更好。"

这可是一个大胆的想法，天上的星星有多少？星星的数量是如何分布的？是否有规律？这些问题简直让人头皮发麻——星星多得就像沙滩上的沙子一样，怎么数得过来呢？

1784 年，赫歇尔开始了一个大工程。他把北半球的天空分成了 683 个区域，然后像扫雷一样，一点一点地进行地毯式搜索，观察并记录每一个区域里的每一颗星星。

NGC 2683 是威廉·赫歇尔于 1788 年 2 月 5 日发现的一个旋涡星系（版权：ESA/Hubble & NASA）

这竟然用掉了他二十年的时间。

每天晚上，只要天气允许，他都会和妹妹卡罗琳一起观察星空。如果扫兴的云彩来了，他就找人帮他盯着，等云散了立刻通知他回来继续观察。

1785 年，赫歇尔对银河系的结构做出了第一个重要的发现……

银河是个"扁盘子"？

赫歇尔发现，大部分星星都位于环绕太阳的一个扁平结构中，而且这个结构中任何方向的星星数量都大致相同，显示出一种均匀性的分布。

应该怎么解释这个现象呢？

赫歇尔仔细地想啊想，得出了这样的推论：银河系是一个庞大而扁平的圆盘状结构，就像透镜或是唱片，而太阳就坐落在这个"大盘子"的中央。

为什么赫歇尔会这样想呢？我们可以用一个类比来帮助理解。想象一下，假设你身处于一个庞大的人群中，这个人群的具体形状是未知的——它可能是球形、方形，甚至是一个排列整齐的"十"字形，什么样子都有可能。你无法像无人机一样飞升到天空一探究竟，只能通过观察四周的人数分布来做出判断。当你观察四周，发现每个方向的人数都相对一致时，你很自然地会推测你可能站在一个大圆形的中心。同时，注意到你的头顶和脚下并没有人群，他们只是在你的旁边，所以人群的布局肯定不是一个立体的球，而是一个扁扁的、接近平面的圆形。

赫歇尔的四十英尺反射望远镜（长度 12 米）的手绘插图。该望远镜于 1789 年竣工，成为当地的旅游景点，甚至出现在地形测量图上。（公共版权）

现在人们已经知道，太阳并不是位于银河系的中心，相反，是位于"郊区"的边缘位置。

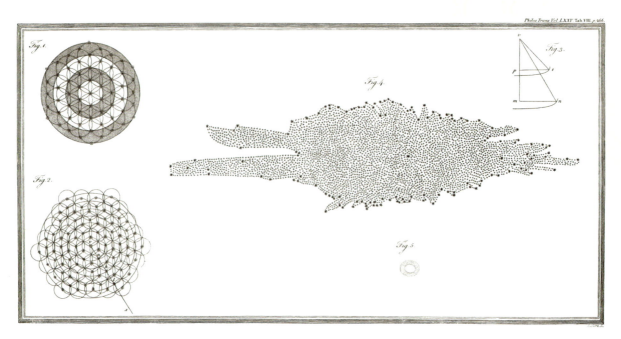

赫歇尔手绘的银河系模型（公共版权）

1786 年、1789 年、1802 年，赫歇尔先后出版了三次《星云目录》，共记录了 2 500 颗天体。这些天体中，有各种类型的星云、星团，以及其他星系。这个前所未有的丰富目录，极大扩展了人类对宇宙的认知，要知道，这 2 500 颗天体中，之前为人所知的不超过 150 颗。

在赫歇尔眼中，我们站在这个"扁盘子"的中心，看向远方的"盘子边"，能看到一条白茫茫的光带，这就是天空中的银河。

赫歇尔不仅判断了银河的结构，还在 1785 年绘制了第一张银河的截面图。

就这样，赫歇尔用统计恒星数量的方式，证实了银河系是扁平状圆盘的假说。他的发现，让人们第一次知道，宏伟的银河系原来就像一个天然璀璨的扁盘子，恒星就像盘子上一颗一颗的小豆子。

可能你觉得一个一个地数星星有点傻，但就是这个看起来枯燥、琐碎的工作，换来了非凡的成果。1822 年夏末，84 岁的赫歇尔去世了。好巧，84 年刚好是天王星绕太阳公转一圈的时间，不知道那是不是一个他最喜欢的晴朗的夜晚。

想一想

赫歇尔是如何通过观察恒星的数量分布来推测银河的形态的？你认为这种方法有什么优缺点？

知识卡

1. 银河系的形状

银河系是一个扁平的圆盘状结构，类似于一个大盘子。

2. 威廉·赫歇尔

赫歇尔是一位杰出的天文学家，发现了天王星，还提出了银河系是一个扁平的圆盘状结构。

3. 科学探究的态度

科学发现需要细致的观察和实证。

从光污染较少的地点拍摄到的银河（版权：NPS/Kait Thomas）

1920年大辩论：银河系究竟有多大？

1920年4月26日，美国华盛顿自然历史博物馆的贝尔德礼堂灯光璀璨，圆形的穹顶下，雪白的瓷砖与精致的灯饰交相辉映，宛如一座典雅的音乐厅。然而，今晚这里上演的，却是一场特殊的科学辩论。

辩论的双方，是两位著名的天文学家：哈洛·沙普利（Harlow Shapley，1885—1972）和希伯·柯蒂斯（Heber Doust Curtis，1872—1942）。

辩论的主题，则是两个在当时困扰天文学界多年的重大问题：

- 银河系到底有多大？
- 旋涡星云究竟是位于银河系内部，还是外部？

银河系到底有多大？

哈哈，这可真是个大问题。很多年前，天文学界因为这个可没少操心……

在今天，随便翻开一本科普书，上面都会有这两个问题的答案，但别忘了，这场辩论发生在 100 多年前！在那个时候，天文学界还被这些问题搞得焦头烂额。

很快，观众们蜂拥而至，其中有天文学家、美国科学院的杰出成员，以及众多好奇的市民。此时的他们还不知道，这场辩论将会被载入天文学的史册，让人们在多年后还津津乐道。

他读了 19 页的稿件

晚上 8 点 15 分，辩论开始了。34 岁的天文学家沙普利走到台前，深吸一口气，面对台下黑压压的观众，紧张地咽了咽口水。他打开讲稿，足足有 19 页，上面写满了密密麻麻的文字。沙普利是一位天文学家，也是一位演说家。然而，今晚的辩论却让他感到有些难以招架。因为他的对手是赫赫有名的希伯·柯蒂斯，一位经验丰富的辩论高手。

没有想象中的唇枪舌剑、激烈交锋，这是一场温和的辩论，沙普利和柯蒂斯各有 40 分钟的陈述时间。

大辩论在美国华盛顿特区史密森尼自然历史博物馆的贝尔德礼堂举行（版权：自然历史博物馆）

辩论的双方：哈洛·沙普利（上），希伯·柯蒂斯（下）（公共版权）

球状星团就是由几万颗到几百万颗恒星构成的一种非常密集的球状恒星团，目前，人类已经在银河系中发现了超过150个这样的球状星团。

"女士们先生们，今天我站在你们面前论证银河系就是整个宇宙。我对球状星团的观察使我得出了这个结论。球状星团是在银河系光环中发现的恒星球形集合。它们非常古老，它们的分布可以用来绘制银河系的范围……"

怎么样，是不是有点让人昏昏欲睡？很显然，沙普利不擅长辩论，他更擅长的是天文观测。

34年前，沙普利出生在美国密苏里州，长大以后他当上了当地一家报纸的记者。后来，他想在密苏里大学读新闻专业，可惜当年没有招生。沙普利决定按照英文字母的顺序来选择专业——第一个是archaeology（考古学），这个拗口的单词他连读都读不准。因此，他选择了目录上的第二个专业astronomy（天文学）。

沙普利意外地发现，天文学就是他的真爱。

博士毕业以后，沙普利当上了威尔逊山天文台的研究员，每天用当时全世界最大、最先进的1.5米口径光学望远镜探究银河系的结构。

与一颗一颗数星星的赫歇尔不同，沙普利认为球状星团是银河系的"骨架"，就像人类的脊椎骨一样，只要测出100多个球状星团到地球的距离，就能绘制出整个银河系。

怎么测球状星团离地球有多远呢？1908年，美国天文学家亨丽爱塔·勒维特（Henrietta Leavitt，1868—1921）发现天上的造父变星是非常好的工具——这种恒星的亮度变化非常规律，就像人的心跳一样，会周期性地变亮再变暗。

几年时间里，沙普利勤勤恳恳地测量了100多个球状星团的距离，画下了整个银河系的骨架，算出了银河系的直径大约为 30 万光年。请记住这个数字，这与柯蒂斯的判断几乎相差 10 倍。

而且，沙普利还认为，银河系那么大，肯定也把旋涡星云给圈进去了。"如果它不是银河系的一部分，则它的距离能达到 108 光年，这太可怕了，不是吗？"

总之，沙普利在他的发言里详细讲述了他的研究过程，引用了大量的数据和观测结果……40 分钟后，他的长篇大论终于结束了。

造父变星是一种特别的恒星，会周期性地变亮和变暗。

造父变星的名称源自仙王座 δ 星——在 1784 年被约翰·古德利克（John Goodricke，1764—1786）发现的一颗变星。由于仙王座 δ 星是这种类型的变星中被确认的第一颗，而它的中文名称是"造父一"，"造父变星"，也因此得名。

它的变光周期是 5.37 天，也就是说，每隔 5.37 天就会变得很亮，然后慢慢变暗。

勒维特发现了这样一个秘密：只要我们知道一颗造父变星亮起来和暗下去需要多少时间，就能根据公式，进行一系列的计算，算出它离我们有多远。

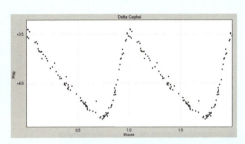

仙王座 δ 星的光变曲线

RS Puppis，银河系中已知最亮的造父变星之一，由哈勃空间望远镜拍摄（公共版权）

"思维清晰的石头"

紧接着，47 岁的柯蒂斯登场了。这个比沙普利年长 13 岁、经验更丰富、表达能力更强的天文学家真是沙普利的对头，他几乎在所有事情上都和沙普利意见相左！

人们在讨论着他的外号——"思维清晰的石头"。哈哈，为什么是一块石头？熟悉柯蒂斯的人就会知道，那是因为他保守极了，对任何新事物都保持怀疑的态度。

1919 年 5 月，人们通过观察日食发现太阳能让光线弯曲，这证明了爱因斯坦的相对论是正确的。但是柯蒂斯先生还是不相信这个理论。

仙女座中的"螺旋星云"（1902 年的照片）。1920 年争论的焦点是仙女座星云是否在银河系以外。（公共版权）

很显然，沙普利使用造父变星来测量天体距离的方法，对他来说太"前卫"了。

柯蒂斯走到台前，打开精心准备的幻灯片，清了清嗓子，开始对沙普利的观点进行猛烈抨击。无论是造父变星，还是球状星团，都没能逃过他的"炮口"。他列举了以前人们对银河大小的各种估计，得出结论："充分考虑传统观点，将银河系直径的上限定为 4 万光年。"这个数字要远远小于沙普利所认为的 30 万光年。

而对于旋涡星云，柯蒂斯是这样说的："仅仅在过去几年里，就在旋涡星云中发现了大约 25 颗新星，其中 16 颗位于仙女座星云中。与之相比，在银河系的全部历史中，只有 30 颗新星……"这表明，仙女座星云是一个独立的星系，而不是银河系的一部分。

到底谁赢了？

为什么沙普利和柯蒂斯的观点会如此针锋相对？可能你已经看出来了，他们使用的计算方法不同。沙普利使用造父变星获得数据，而柯蒂斯却不信赖这种方法。可以说，他对沙普利的所有新的距离计算结果都不认同。

两种完全不同的计算方式，带来了将近 10 倍的差异。

那到底谁是对的，谁又错了呢？

很遗憾，在辩论会的当天，两人并没有分出胜负——他们都认为是自己赢了！而 10 多年以后，天文学界才知道，其实双方各有对错，他们给出的证据都存在缺陷，没有谁完全占据优势。疑团还笼罩在人们的头顶：银河系到底有多大？旋涡星云到底是不是在银河系内部？

想一想

如果你是 1920 年大辩论现场的观众，你会选择支持沙普利还是柯蒂斯？为什么？

知识卡

1. 1920 年大辩论

1920 年，天文学家哈洛·沙普利和希伯·柯蒂斯就银河系的大小和旋涡星云的位置问题进行了一场著名的科学辩论。

2. 造父变星

造父变星是一种亮度周期性变化的恒星，其周期与亮度成正比，可以用来测量恒星距离。

3. 20 世纪 20 年代对银河系大小的观点

沙普利认为银河系直径约 30 万光年，柯蒂斯则认为银河系直径约 4 万光年。

多年以后，哈勃空间望远镜向仙女座星云拍摄共 7 398 次曝光组合成了这张照片。尽管"哈勃"已经拍摄得相当努力，但覆盖的范围还没到仙女座星云的一半，画面已有超过 1 亿颗恒星和数千个星团。（版权：NASA, ESA, J. Dalcanton, B.F. Williams and L.C. Johnson (University of Washington), the PHAT team and R. Gendler）

天才哈勃的洞见：河外星系的发现

1923 年秋天，34 岁的埃德温·哈勃（Edwin Powell Hubble，1889—1953）正忙碌于美国加利福尼亚州威尔逊山天文台，使用 100 英寸的反射式胡克望远镜观测星空。

这是那个年代最大的望远镜，活脱脱一个金属巨兽，口径有 100 英寸（2.5 米），比躺平了的哈勃还要长出半截。这么巨大的镜片，历时 5 年多才打磨、抛光完成。自从 1917 年投入使用，30 年来，它一直稳居"世界上最大望远镜"的宝座，也是 20 世纪最重要的科学仪器之一。

能够亲手操作这样一件天文观测神器，是无数年轻天文学者梦寐以求的事。现在，这样的好事落在了哈勃身上，他是胡克望远镜的第一个使用者……

口径 100 英寸的胡克反射望远镜，1917 年投入使用（版权：格里菲斯天文台）

奇人哈勃的疯狂经历

让我们回到三年前，也就是 1920 年，天文学家沙普利和柯蒂斯在辩论中讨论了一个问题：旋涡星云到底是在银河系以内，还是在银河系以外？谁都想不到，在几年以后，这个谜团被一个 30 多岁的小伙子解开了。他就是奇人哈勃。

为什么说哈勃是"奇人"？看看他的经历就知道了。1889 年，哈勃出生在美国密苏里州的一个小镇上，天生一副结实的好身板，是个运动健将。在中学的一次运动会上，他竟然同时得了撑竿跳高、铅球、铁饼、链球、立定跳高、助跑跳高等七个项目的冠军，还有一个跳远的第三名。在大学的时候，他打过篮球，玩过拳击，甚至还和当时的拳击冠军杰克·约翰逊进行过一场比赛。

如果哈勃当个职业运动员，也许他会成为那个时代的乔丹或者姚明。然而，他并没有选择这条路，而是选择成为一名学术精英。高考时，他毫不费力地考上了芝加哥大学，学习数学和天文学。赢得了非常难拿的罗兹奖学金后，他去牛津大学深造法律，然后又回到芝加哥大学获得了博士学位。对了，中途他还去叶凯士天文台研究了天文学。

真是开挂的人生啊！

埃德温·哈勃（公共版权）

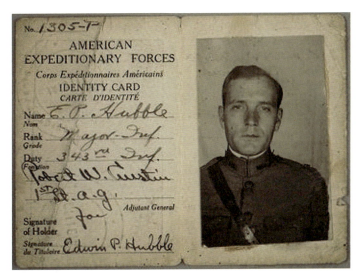

哈勃还曾自愿参军，度过短暂的军旅生涯，这是他在军队中的证件（公共版权）

VAR!

哈勃是怎么观测星云的？在你的想象中，是不是坐在望远镜前整夜整夜地盯着天空看？实际上，由于照相机的发展，在哈勃那个年代，已经没有天文学家靠肉眼观测来研究天体了，都是依赖天体照相进行研究。

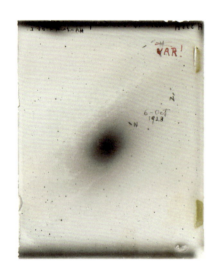

哈勃著名的VAR！哈勃用100英寸胡克望远镜于1923年10月6日获得的照相底版H335H显示了星系M31。三颗"新"恒星被用黑色字母N标出。不过，哈勃后来注意到，右上方的恒星在早期的底版上就有，但亮度有波动。随后，他画掉了N，并用红色标注了"VAR！"，这就是仙王座变星M31-V1。（版权：卡内基科学研究所）

1919年，30岁的哈勃移居加州，进入了威尔逊山天文台工作。他一到天文台，就以近乎疯狂的状态投入了对旋涡星云的观测，其中就包括仙女座大星云。

1923年10月6日，一个寂静而晴朗的夜晚，哈勃像往常一样，把胡克望远镜对准仙女座星云，进行了长达45分钟的曝光，记录在编号为H335H的底片上。第一个H代表胡克望远镜，而335是底片编号序列，第二个H代表哈勃。

他拿起这张新的底片，与之前的记录进行仔细比对。

"这三颗，是新出现的。"哈勃敏锐地发现，与之前拍摄的底片相比，这张底片上出现了三颗新的天体。于是，他在底片上标记了"N"，代表着新发现的天体，即新星（nova）。

"等一下……"他皱起眉头，突然发现有点不对。

这三颗星中，右上角的那颗，似乎以前也出现过。是真的吗？他迅速翻找到昨天的H331H底片，仔细进行对比。很快，他就发现右上角那颗星星，在昨天的底片上也有，只是亮度有波动——变暗了一些！

不是新星，是变星！

哈勃的心脏剧烈地跳动起来，他迅速划掉了这颗星星旁边的"N"，用鲜艳的红笔写下三个大写字母，后面还跟了一个感叹号："VAR！"（变星）。为什么要加感叹号？因为激动的哈勃已然意识到，如果这颗星是一颗造父变星，那么他就发现了天文学上的宝藏。

还记得上一节里我们讲到过的，有了造父变星，我们就能算出仙女座星云离地球到底有多远了！这颗关键的造父变星，被命名为"M31-V1"。"M13"是仙女座大星云，"V1"代表哈勃在其中发现的第一颗变星。

93 万光年的距离

1923 年冬天，哈勃的身影成了威尔逊山天文台最为常见的风景。每当夜幕降临，只要没有云彩遮挡，他便会与巨大的胡克望远镜相伴。他的目标是 M31-V1，这颗他刚刚发现的造父变星。

他用底片捕捉了 M31-V1 的每一个微小变化，还用笔记录下了它亮度变化的轨迹——就像音符在纸上跳跃。每 31.415 天，M31-V1 就会完成一次从暗到明再到暗的循环。

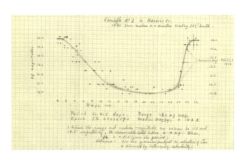

哈勃根据 1924 年初获得的图像为 M31-V1 手绘了这条光变曲线，光变周期为 31.415 天。（版权：哈佛大学档案馆）

但只有一颗造父变星的证据恐怕是不够的。哈勃完全停不下来了，他不停地工作着，拍摄了大量的星云照片，从仙女座星云和三角座大星云中发现了多达 34 颗造父变星！利用这 34 颗恒星的数据，哈勃算出了一个令人震撼的数字：这两片星云距离地球约 93 万光年。

这简直是一颗重磅炸弹！还记得我们的老朋友，旅行者 1 号吗？如果旅行者 1 号以每秒 17 千米的速度飞行，至少也要飞 16 亿年，才能到达仙女座星云的边缘……

沙普利和柯蒂斯讨论过银河系的大小，一个认为直径约 30 万光年，另一个认为约 4 万光年。不论他们谁对，仙女座星云都远在银河系之外。在人类历史上，从未有人测量过如此遥远的、超乎想象的距离。

现代观测证明，仙女座星系（M31）距离我们大约 250 万光年，是银河系最大的邻近星系。（版权：NASA/JPL-Caltech）

1925 年的第一天，哈勃关于星云距离的论文在美国天文学会的会议上被宣读。他的工作如此细致，数据如此翔实，哪怕是最固执的守旧派也不得不信服——科学家就是这样"迷信"于证据。宣读结束后，整个房间沸腾了，掌声如潮水般响起。

又一个改变天文学的发现出现了。

天文学界终于达成共识：旋涡星云远在银河系之外，它们很远很远，是独立的，与我们的银河系一样，由千亿颗恒星组成。所以，当我们仰望天空时，请记得：夜空中每一个微弱闪烁的"旋涡"，都是一个与我们的太阳和地球所在的银河系一样壮丽的世界。在这之后，越来越多的星系被发现，这些银河系以外的星系被统称为河外星系！

1924 年，沙普利在收到哈勃关于他的新发现的消息后说："这封信毁了我的宇宙。"

车轮星系，距离地球约 5 亿光年，因其独特的外观而得名，酷似一个车轮，中心有一个明亮的恒星环绕，周围环绕着色彩缤纷的外环。这个特殊的外观是由于一次剧烈的星系碰撞造成的。据推测，车轮星系曾经是一个普通的旋涡星系，跟我们的银河系差不多。但大约 10 亿年前，它与另一个较小的星系正面相撞，就像往平静的池塘里扔进一块石头，在车轮星系中激起了巨大的涟漪。（版权：X-ray: NASA/CXC; Optical: NASA/STScI）

詹姆斯·韦伯太空望远镜拍摄的"斯蒂芬五重奏"，画面中有五个星系。虽然被称为"五重奏"，但只有四个星系真正靠得很近。你发现它们了吗？（版权：NASA, ESA, CSA, and STScI）

 想一想

如果你有机会使用像胡克望远镜那样的大型天文望远镜，你会选择研究哪个天文现象？为什么？

知识卡

1. 哈勃与胡克望远镜

哈勃使用 100 英寸的胡克望远镜进行观测，这是当时最大的天文观测工具。

2. 造父变星的重要作用

哈勃发现了仙女座星云中的造父变星 M31-V1，通过它的亮度变化，计算出仙女座星云与地球的距离。

3. 河外星系的定义

天文学界确认旋涡星云位于银河系之外，标志着人类首次认识到宇宙中存在其他星系。

哈勃空间望远镜：探究银河之秘

1990 年 4 月 24 日清晨，人类历史上第一台大型太空望远镜——哈勃空间望远镜，"乘坐"发现号航天飞机冲向宇宙。这个庞然大物长 13.2 米，重 12 吨，口径 2.4 米，光镜片的长度就能把你家的冰箱吞进去。

你可能会想：这跟我们上一节讲的"学霸"哈勃不是同名吗？没错，哈勃空间望远镜就是以天文学家埃德温·哈勃的名字命名的。

第二天，发现号来到距离地球 500 多千米的轨道上，打开舱门，轻柔地释放哈勃空间望远镜（简称"哈勃"），就像老鹰告别它的雏鸟。"哈勃"缓慢地出舱，像一只小鸟一样，展开金灿灿的帆板，第一次独自感受这个广阔、未知的宇宙。

然而，当"哈勃"拍摄的第一张照片传回地球后，它的创造者们几乎集体崩溃了。朦朦胧胧，模模糊糊，星系在它眼中成了一堆马赛克一样的噪点，还不如地面望远镜拍得清晰！"哈勃"竟然是近视眼？哦不，是老花眼！

102

让人大跌眼镜的照片

时间拨回到 12 年前，那时候，美国航天局和欧洲空间局刚刚开始联手建造哈勃空间望远镜。你可能想问：他们为什么要把望远镜送上天？地面上的望远镜还不够厉害吗？

事实上，不是地面上的望远镜还不够厉害，而是地球上空的大气太能捣乱了。最好的解决方法就是把望远镜支到太空里。

1985 年，哈勃空间望远镜建成。但没想到，1986 年年初，挑战者号航天飞机失事，美国航天局停飞了所有航天飞机，"哈勃"只得耐心地在仓库中等待。这一等就是 4 年。在这 4 年里，"哈勃"被保存在洁净室里，每天用氮气吹扫，像婴儿在保温箱里一样接受着精心的护理，光护理费就要每月 600 万美元。

1990 年 4 月 24 日，哈勃空间望远镜终于随着发现号升入太空。所有人都长舒一口气，对这个昂贵的巨无霸寄予厚望。

所以你能想到，当第一张模糊的照片传回地球时，哈勃项目的科学家们该有多失望、多崩溃。经过调查，科学家们发现"哈勃"有严重的质量问题：在研磨和抛光的过程中，主镜片的一个测试装置的一层油漆剥落了，使镜片的边缘被"削"得太平，多打磨了 2.2 微米，也就是仅仅 0.0022 毫米，就让"哈勃"得了严重的"近视"。

项目科学家埃德·韦勒（Edward J. Weiler, 1949—）回忆道，当时的心情就像从珠穆朗玛峰的顶峰跌落到死亡谷的谷底。

看似空无一物的天空，实际上由许多气体、尘埃组成，就像一锅混混沌沌的汤。这锅看不见的"汤"让头顶的星光扭曲，闪闪烁烁，像在眨眼一样。无论我们把地面上的望远镜建得再高、再大，装上再好的防护顶，也依旧逃不了大气扭曲的干扰。

1986 年 1 月 28 日，美国航天局的挑战者号航天飞机发生了灾难性的失事：在发射升空 73 秒后，挑战者号在佛罗里达州卡纳维拉尔角上空爆炸解体，机上七名宇航员全部遇难。这场悲剧震惊了全世界，成为人类航天史上一个深刻的教训，促使 NASA 对其航天飞行计划进行了全面的审查和改革。

到 2015 年，哈勃空间望远镜的累计成本已达到 113 亿美元（包括后续维护的成本），它是美国航天局历史上最昂贵的科学任务之一。

消息传出来，美国民众真是气得要吐血。要知道，哈勃项目已经整整花了 47 亿美元（按通货膨胀调整后的 2010 年美元计算），真金白银地流出去了。他们痛骂美国航天局用纳税人的血汗钱制造"太空垃圾"，媒体的嘴就更毒了："如果埃德温·哈勃知道这个以他的名字命名的望远镜竟是这副德行，恐怕在坟墓里气得打滚吧？"

好在美国航天局化悲痛为力量，在三年后派宇航员给"哈勃"送去一副"矫正镜片"。别说，"哈勃"真的视力恢复了！

哈勃空间望远镜于 1990 年 4 月 25 日部署，这张照片是由安装在发现号航天飞机里的货舱相机拍摄的。（版权：NASA/Smithsonian Institution/Lockheed Corporation）

2009 年，一架执行维修任务的航天飞机拍摄到了太空中的"哈勃"的真实特写。（版权：NASA）

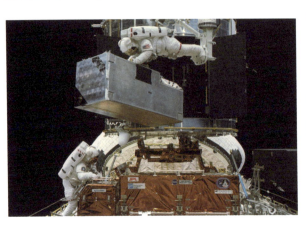

宇航员正在给哈勃空间望远镜安装"矫正镜片"。（版权：NASA）

哈勃空间望远镜的主镜于 1979 年在工厂进行磨削，十多年后，其非常小但非常重要的缺陷被发现。（版权：NASA）

维修任务前　　　　　　　　　　　　　　　　维修任务后

对 M100 星系拍摄的图像显示，在 1993 年 12 月第一次维修任务之后，哈勃望远镜的宇宙视野有了显著改善。（版权：NASA）

银河系的演变

视力恢复后的"哈勃"开始显示出它无与伦比的强大力量。它做了什么？拍照片，许多许多星系的照片，美轮美奂，真正的视觉盛宴。但这些美丽的图片对我们认识银河系又有什么帮助呢？

想一想，你从小到大是不是拍了很多照片？肉嘟嘟的百天照、抱在爸妈怀里的周岁照、哭哭啼啼的毕业照……看到照片，就能看到自己的成长轨迹。但如果以前的照片都丢了，怎么判断你 1 岁、2 岁、6 岁、10 岁的时候是什么样子呢？

很简单，找到你哥哥或姐姐小时候的照片，虽然长相不同，但身高、体型肯定跟你差不多。

天文学家们也是这样做的。他们找到了 400 个与银河系类似的星系，用哈勃空间望远镜记录下了它们在 110

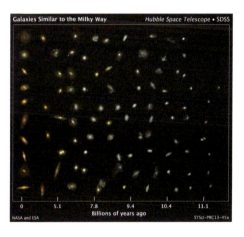

与银河系相似的星系在 110 亿年的时间里，处于不同阶段的样子。左边离现在最近，右边离现在最远。（合成图）（版权：NASA/ESA）

耶鲁大学的科学家说："我们无法直接看到过去的银河系本身。我们选择了数十亿光年外将会演变成像银河系那样的星系。通过追踪银河系的兄弟星系，我们发现我们的星系在110亿到70亿年前构建了90%的恒星，这是之前从未直接测量过的。"

亿年时间跨度内的外观。这400个"兄弟姐妹"年龄各不相同，有的是婴儿，有的是儿童，有的是少年，有的是老年……观察它们的样子，就能够推测出银河系的婴儿照、童年照，以及它未来的样子。

"哈勃"让我们知道了：银河系在"婴儿"时期，可能是一个暗淡的、蓝色的、不太重的家伙，包含了大量的气体。而且，银河系最初可能是一个中间隆起的扁盘子，它长着长着，成了现在看到的壮丽的螺旋形。太阳和地球，位于平平的盘面上；而隆起的地方，则有更古老的恒星，也是银心和超大质量黑洞的所在地。

上：现在的银河；下：我们的银河在110亿年前可能的样子的想象图，这是基于对其他星系照片的观察而产生的。（版权：NASA/ESA）

"砰"！不可避免的碰撞

那么，银河系的未来会怎么样呢？哈勃空间望远镜对我们的邻居——仙女座星系进行了仔细测量，发现这个不安分的邻居正在朝着我们靠近。它会越来越近，越近越近，砰地直撞过来。而银河系呢？只能眼睁睁地看着，无法改变，无处躲藏，傻等着被撞上的那一刻！

很紧张，对吗？其实不用担心，仙女座星系离我们还远得很，有 250 万光年，这场碰撞约 40 亿年后才会发生，到时候人类文明可能早就消失了。

而相撞后会发生什么？像科幻电影里一样惊天动地，火光冲天，碎石乱飞？并没有那么戏剧化。科学家们进行计算机模拟，又研究了其他星系相撞后的形态，得出了这样

"哈勃"于 2020 年拍摄的韦斯特伦德 2 星团（Westerlund 2）。这是一个由 3 000 颗恒星组成的巨大星团，只有大约 200 万岁，包含了我们银河系中最热、最亮、质量最大的恒星。（版权：NASA, ESA, A. Nota (ESA/STScI), and the Westerlund 2 Science Team）

的结论：最终两个星系会结合成一个巨型椭圆星系。由于每个星系都太大了，内部恒星都离得很远，所以恒星的正面撞击大概率不会发生，只是恒星们会被抛入新银河的不同轨道中。

很有可能，我们的银河系会比现在更远离银河系的核心——从五环被甩到七环，或者叽里咕噜溜到"乡下"。我们的家园不会被毁掉，只是换个地方而已。

Illustration Sequence of the Milky Way
and Andromeda Galaxy Colliding
NASA, ESA, Z. Levay and R. van der Marel (STScI), T. Hallas, and A. Mellinger • STScI-PRC12-20b

银河系与仙女座星系相撞、合并的模拟图。
第一行左：现在。
第一行右：20 亿年后，左侧的仙女座星系的圆盘明显变大。
第二行左：37.5 亿年后，仙女座星系充满了视野。
第二行右：38.5 亿年里，天空因新恒星的形成而闪耀。
第三行左：39 亿年里，恒星的形成仍在继续。
第三行右：40 亿年后，仙女座星系被潮汐拉伸，银河系变得扭曲。
第四行左：51 亿年后，银河系和仙女座星系的核心将呈现为一对明亮的裂片。
第四行右：70 亿年里，合并的星系形成了一个巨大的椭圆星系，其明亮的核心主宰着夜空。

"哈勃"曾于 1995 年首次拍摄到著名的鹰状星云（M16）的"创生之柱"，一举成名。2014 年末，它用更先进的广角相机再次拍摄。画面中，三根高耸数光年的气体和尘埃柱正在孕育新星，新星就隐藏在这些尘埃尖塔之中。（版权：NASA, ESA, and the Hubble Heritage Team (STScI/AURA)）

想一想

考虑到哈勃空间望远镜在太空中的定位和功能，如果让你代表我国设计一项新的太空望远镜任务，你会选择研究宇宙的哪个方面？为什么？

知识卡

1. 哈勃空间望远镜

人类历史上第一台大型太空望远镜，极大地推动了天文学的发展。

2. 哈勃空间望远镜的修复

"哈勃"最初因为镜片缺陷导致成像模糊，但通过宇航员的太空维修任务，恢复了其观测能力。

3. 银河系的演化

通过观察与银河系类似的其他星系，"哈勃"追溯了银河系从诞生到成长的历史，揭示了星系演化的普遍规律。

第二次维修任务期间，从发现号拍摄的哈勃望远镜（版权：NASA Hubble Space Telescope）

如果我们能够远离银河系，飞到遥远的星际空间去，会看到银河系的外观就像是一个巨大的"旋涡"，中间有一个亮闪闪的核心，四周是旋转的星星和星云。

夏天的夜晚，在远离城市灯光的地方抬头看看天空，你可能会看到一条美丽的光带，像是天上的一条大河，这就是银河。银河其实是一个星系，我们叫它银河系。

在光污染较小的地方，可以用肉眼看到银河。这是摄影师于 2020 年 4 月 20 日在云南省大理州巍山县拍摄到的银河。

太阳系在银河系的中心吗？

不是。太阳系不在银河系的中心，也不在边缘，而是在"郊区"——中间偏外的位置。银河系里有着数千亿颗像太阳一样的恒星。

银河系的中心是什么？

银河系的中心是宇宙中最奇怪、最可怕的天体之一：黑洞。这个黑洞的质量估计是太阳的 400 万倍。黑洞的引力很大，能够把任何它旁边的东西都吸进去，很幸运，它离地球很远！

透过哈勃空间望远镜的红外视野，我们得以窥见银河系的中心。画面中，除了几颗前景的蓝色恒星，还有超过 50 万颗恒星密集地闪耀，它们是构成银河系核心星团的一部分。这是我们银河系中最巨大、最密集的星团，紧密地围绕着银河系中央那个宇宙巨兽——超大质量黑洞。（版权：NASA, ESA, and Hubble Heritage Team (STScl/AURA, Acknowledgment: T. Do, A.Ghez (UCLA), V. Bajaj (STScl)）

在大约 350 万年前的某个时刻，银河系的核心发生了一场壮观的天文盛事：居住在那里的超大质量黑洞释放出了一股惊人的能量爆发。而在遥远的非洲平原上，我们的原始祖先已经学会行走，很可能目睹了那场惊艳的耀斑。（版权：NASA, ESA, G. Cecil (UNC, Chapel Hill) and J. DePasquale (STScl)）

还记得吗？ 人类对银河系认识的变化——

◆ 古人为银河创造了各种各样有趣的传说。中国的传说是牛郎和织女每年通过鹊桥在银河相会；西方的传说是神之子呛奶，喷溅的乳汁形成了银河。

◆ 1610 年，伽利略通过他粗糙的望远镜窥视，首次向我们展示了银河系中密密麻麻的恒星海洋。

◆ 1785 年，威廉·赫歇尔试图勾勒出银河系的轮廓，还大胆地将太阳描绘在银河的中心。

◆ 1920 年，哈洛·沙普利与赫伯·柯蒂斯的辩论点燃了天文学界，那时大多数人还坚信银河系包含着宇宙中所有的恒星。

◆ 1924 年，埃德温·哈勃的发现彻底颠覆了这一观念。他证实了仙女座星云实际上远在银河系之外，这意味着我们的银河系不过是宇宙中无数星系中的一员，而非宇宙的全部。

而现在我们知道——

银河系的形状

银河系是一种棒旋星系，它中间有着一个明亮的棒状核心，从中心伸展出来旋转的臂。这些旋臂是由星星、尘埃和气体构成的螺旋状结构，像漂亮的指纹。

银河系的大小

银河系至少由 1 000 亿颗恒星以及尘埃和气体组成。它的宏伟无法用简单的数字来衡量：哪怕是速度最快的光，也要至少跑上十万年，才能从银河系的一端飞到另一端。

星系根据形状可以分为三类：

1. 椭圆星系——它们有着椭圆形的明亮外观；
2. 旋涡星系——圆盘的形状加上弯曲的旋涡臂；
3. 不规则星系——形状是不规则的，通常是受到邻近的其他星系影响的结果。

（我们的银河系是旋涡星系中的一种。）

NGC 1316 是一个巨大的椭圆星系，里面隐藏着令人惊讶的复杂环状和斑块状的宇宙尘埃。（版权：Credit: NASA, ESA, and The Hubble Heritage Team (STScl/AURA)）

旋涡星系 M74 是一个绝美的旋涡星系的典范，完美对称的螺旋臂从中心核心辐射出来。M74 总共有约 1 000 亿颗恒星，略小于我们的银河系。（版权：NASA, ESA, and the Hubble Heritage (STScl/AURA)-ESA/Hubble Collaboration）

NGC 1427A 是一个不规则星系，它在一个巨大的星团里以接近每秒 600 千米的速度高速运动。这个星系整体的形状像一个箭头，似乎在指向星系高速运动的方向。（版权：NASA, ESA, and The Hubble Heritage Team (STScl/AURA)）

什么是星座?

星座的概念起源于 3 000 多年前的两河文明，并在古希腊文明中得到系统化发展和完善。古希腊天文学家托勒密在他的著作《天文学大成》中明确记载了 48 个星座，这些星座的名称和位置基本一直沿用至今。到了现代，国际天文学联合会已于 1930 年用精确的边界把天空分为 88 个正式的星座，其他非正式的星星组合则为星群。

狮子座

狮子座是春季夜空中一个壮丽的大星座，位于室女座与巨蟹座之间，在全天 88 个星座中，面积排第 12 位。

金牛座

金牛座在全天 88 个星座中，面积排第 17 位。金牛座中亮于 5.5 等的恒星有 98 颗，其中最亮的星为毕宿五（金牛座 α）。

我国古代也有一套完整的星座体系，那就是著名的三垣二十八宿。三垣是指环绕北极天空所分成的三个区域，分别是紫微垣、太微垣和天市垣，而在环黄道和天球赤道近旁一周分为四象，四象中又将每象细分成七个区域，合称二十八宿。中国古代以星官来划分天空，隋朝的《步天歌》已记载星官 283 个，它们分别属于三垣或二十八宿之一。

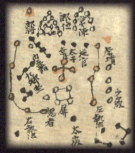
太微垣（公共版权）

紫微垣（公共版权）

天市垣（公共版权）

4

令人惊叹的宇宙

漫游星空

如果穿越时空，成为一名古希腊的孩子，你从小就会听到大人和老师们热烈地聊着星星和宇宙……那是古希腊人最痴迷的话题！

如果你的老师是依巴谷：

咳咳，宇宙嘛，它的正中央肯定是地球——我们伟大而神圣的家园。围绕着地球，有一层层的天空。最近的那一层，我们叫它"和谐球"，里面住着月亮、太阳和其他五颗大行星。再往外，就是满天的星星，它们在一个叫"天界"的地方转来转去。最外面，是永远不会熄灭的天火……

如果你的老师是亚里士多德：

孩子，记住，宇宙里有四种神奇的东西：泥土、水、空气和火，它们混在一起，形成了我们周围的世界。而地球就像心脏，位于宇宙的中心，所有的星星都围着地球转动，永不停歇……

如果你的老师是托勒密：

前面两位老师说得都很好！我要再补充一下……宇宙就像一个大球，地球处在球的正中间，太阳、月亮、五大行星绕着地球转啊转——这就不再啰唆了，5岁孩子都知道的常识！

我想告诉你，有的时候，行星会运动得比较奇怪，就像火星：它忽快忽慢，有时向前跑，有时又突然倒退。为什么火星这么"自由"？这是因为火星不仅围着地球转，它还在一个个小圈圈上转（我称它们为本轮和均轮）。记住这些名词哦，在我的宇宙里，有好多这样的大轮子、小轮子，用它们就可以精确地计算出行星的轨迹！当我的学生，数学不能差！

如果穿越时空，成为一名中国古代的孩子，夫子们可能会这样告诉你……

如果你的老师支持盖天说：

来，跟我一起读："天圆如张盖，地方如棋局……"还要我解释吗？天圆圆的，地方方的，传说中女娲补的就是这个圆圆的天……所有天体都绕着地球转……

如果你的老师支持宣夜说：

孩子们，天哪里有盖子？天上是无尽的气，就像我们看到的云……日月星辰都飘浮在无边无垠的气体中，它们各自运动，宇宙是广阔、无限的。

如果你的老师支持浑天说：

"浑天如鸡子，地如鸡[子]中黄，孤居于天内，天大而地小……"孩子们，在我眼中，地球并不是孤立无援地悬浮在虚空中，而是像一叶扁舟轻轻浮在水面上。日月星辰，这些天上的灯笼，它们不停地围绕着地球旋转，在宏大的"天球"上，时而挂在天上，时而落入水中……

	古希腊的宇宙观	中国古代的宇宙观
特点	地心说的坚决拥护者，在他们眼中，宇宙是和谐有序、符合数学原理的。 想当古希腊的天文学家，数学要好！	多种宇宙模型并存：盖天说、宣夜说、浑天说，谁也讲不过谁！ 想当中国古代的天文学家，哲学要好！
共同点	1. 地球是宇宙独一无二的中心！ 2. 宇宙只包括地球、太阳、月亮、五大行星和满天的恒星，以及偶尔出现的彗星。 （星系、星云、小行星、黑洞、暗物质……这些东西古人都还没有发现。）	
不同	在古希腊，宇宙被描绘成一个精密的机械装置，每一个齿轮、每一个轨道都遵循着数学的定律，天体的运行仿佛是宇宙理性的体现……	在中国古代，宇宙被视为一个生生不息的有机体。人们从最感性的观察体验出发，用哲学思辨的方式去探究宇宙。

哈勃与"清洁工"的合作：
宇宙正在膨胀？

1901 年，26 岁的农村小伙维斯托·斯里弗（Vesto Melvin Slipher, 1875—1969）加入了洛厄尔天文台。天文台台长珀西瓦尔·洛厄尔（Percival Lowell, 1855—1916）是一位富有的火星迷，他坚信火星人存在，并斥巨资在美国亚利桑那州干燥的沙漠里建了一座私人天文台。

斯里弗的到来，为天文台注入了新的活力。他擅长光谱分析法，通过分析光谱中线条的粗细、位置、亮度，就能发现星星的秘密——比如，它们是由什么元素构成的。利用这项技术，他找到了火星大气中存在水的证据，为洛厄尔狠狠地争了一口气。

然而，斯里弗心中有着更为炽热的星空梦想——他对星云怀有难以言喻的热爱。到 1917 年，在对 25 个星云进行光谱观测的过程中，他意外地发现了其中 22 个星云展现出了红移现象。

也许你现在还不懂"红移"是什么意思，不懂这意味着什么，别着急，慢慢往下看，宇宙的另一个真相即将被人类揭开……

星空真美，我被迷住了。

不仅美丽，还有无限的秘密藏在其中。

"红移"是什么？

还记得我们的老朋友——学霸哈勃吗？20世纪20年代，这个让人无比羡慕、钦佩，甚至有些嫉妒的天才青年凭借一己之力，证明了仙女座星云远在银河系之外，大大地拓宽了宇宙的尺度。但这只是个开始，他更想知道：这个"放大了的"宇宙到底是怎样的？是静静地躺在无垠的太空中，还是在不断地膨胀或缩小？

为了找到答案，哈勃将目光投向了维斯托·斯里弗发现的星云红移现象。

什么是红移呢？解释起来稍微有点复杂，但请你一定耐心看完。

想象一下，此刻你正站在马路边上，一辆小汽车按着喇叭从你身边驶过。当小汽车离你越来越近的时候，喇叭声越来越响，声调也越来越尖，你忍不住捂紧耳朵。很快，它又开远了，离你越来越远，喇叭声越来越小，声调也越来越低。为什么喇叭的声调会发生变化？原来，当声源靠近的时候，声波的波长会缩短，音调会变高；远离时，声波的波长会被拉长，就像拉面师傅把一根面拉得很长很长一样，音调变得低沉。

你知道吗？阳光穿过棱镜，可以神奇地分解成一道"彩虹"，这就是光谱。光谱分析法就是用这个原理来探索宇宙的奥秘。

斯里弗用望远镜捕捉星星发出的光，然后让这束星光穿过分光仪。分光仪会把光线拆分成一条条的带子，就像钢琴上的键盘一样。这些特殊的线条，有的粗，有的细，它们是星星身份的暗号。

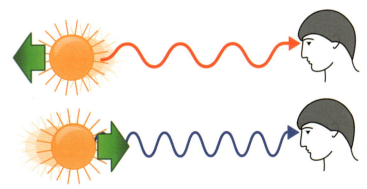

上：光离你越来越远，光波被拉长；下：光离你越来越近，光波会缩短。
（版权：Uncyclopedia,CC BY 2.0）

119

光波也是波，跟声波是一样的——当光远离我们时，光波就会被拉长，从光谱上看，就是向着红端移动，这被称为"红移"；相反，当光朝我们而来时，光波就会缩短，这被称为"蓝移"。

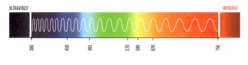

可见光谱（版权：Depositphotos）

想象一下，如果很多星系的光谱都是"红移"的，那就意味着，光波被拉长了，拉得很长，就像小汽车在远离你一样——星系们在齐刷刷地离我们而去，向着宇宙深处飞驰，这正是宇宙膨胀的证据！

面对如此重要的线索，哈勃已经是心痒难耐。他的首要任务是独立检测星系的光谱数据，得到准确的第一手资料。但是，光谱测量不是哈勃的强项，他需要一个细心又可靠的助手来帮他完成这一重要任务。

会给星星拍照的清洁工

米尔顿·赫马森（公共版权）

在威尔逊山天文台，还真有这么一个人，名叫米尔顿·赫马森（Milton La Salle Humason，1891—1972）。

让人大跌眼镜的是，哈勃是个博士生，赫马森却只是个连高中文凭都没有的毛头小子。赫马森的故事要从他14岁时参加的一次夏令营说起。那时候，赫马森来威尔逊山附近参加夏令营，彻底被这片高耸入云的森林美景所折服。他干脆休学一年，在山上打起零工，每天驾着骡车，往山上的建筑工地运木材。凑巧的是，山上正在建的，正是日后大名鼎鼎的威尔逊山天文台。

几年以后，天文台建成了，赫马森在那里当上了清洁工。因为个性讨人喜欢，工作人员开始教他一些天文摄影的技巧。很快，天文台台长就注意到了赫马森在操作仪器上特别有天赋，把他升为了夜间助理，到了1922年，他一跃来到了重要的恒星光谱学部门。

从清洁工到天文台技术员，这可引起了不少争议。只有初中学历的赫马森凭什么获得了这个机会？

原因不仅是赫马森天赋异禀、擅长摄影，更重要的是，他愿意比别人花费更多的时间去耐心地检查照相底片，寻找其中的微小细节。也就是这个特质，让他成为哈勃的搭档。

于是，几年中的每一个晴朗的夜晚，赫马森都守在胡克望远镜前，耐心地对那些暗淡的星系进行长时间的曝光，记录下光谱是否有红移的迹象，并且确定它们后退的速度。这项工作可不容易，这些遥远星系的表面亮度非常低，很难测量。赫马森开发了优化照相曝光和底片测量的技术，

曾几何时，媒体很喜欢调侃赫马森，叫他"辍学的中学生"和"勤劳的骡子车驾驶员"。2001年的一则新闻标题这样写道："威尔逊山天文台的一名清洁工测量了宇宙的大小"。

直到1954年，赫马森一直在天文台工作，他与哈勃紧密协作，为哈勃的成功提供了大量的基础工作，他也终于凭借自己的实力赢得了同行们的极大尊敬。

威尔逊山的俯拍照（版权：Doc Searls, CC BY 2.0）

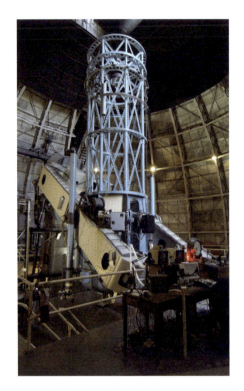

威尔逊山天文台的 100 寸胡克望远镜（版权：Ken Spencer, CC BY 3.0）

最终确定了 620 个星系的后退速度。

而此时的哈勃，也在不断地测量这些星系的距离。他把星系的距离，与赫马森测出的星系后退的速度结合起来，像在拼凑宇宙的拼图，发现了这样惊人的规律：

几乎所有的星系（仙女座星系除外）都存在红移现象，而且越是遥远，红移得越厉害。

它们都在远离地球！

这意味着什么呢？宇宙中的绝大多数星系都在逃命似的远离地球，离得越远，跑得越快，它们在加速远去……如果说每一个星系都像是宇宙的孩子，那么它们现在就在疾速地奔跑，远离我们而去，而且越跑越快，让人永远也抓不住。

唯一可能的解释就是——我们的宇宙在膨胀！

有一个非常著名的比喻，说星系就像是宇宙大面团里面的葡萄干。随着宇宙的膨胀，这个大面团变得越来越大，而其中的葡萄干自然地分散开来——尽管它们仍然在同一个面团中！

1929 年 3 月 15 日，哈勃发表了他的观测结果，引起了巨大的轰动。有人说这是 20 世纪天文学史上最重要的事件，甚至说是自 400 年前哥白尼日心说问世以来，对世界观最根本的改变。

埃德温·哈勃（版权：NASA）

如果宇宙一直在膨胀，那么它最终会变成什么样子？你认为宇宙有边际吗？

知识卡

1. 红移现象

当光源远离观察者时，光波被拉长，光谱向红端移动，这就是"红移"。

2. 宇宙膨胀

哈勃的观测结果表明，绝大多数星系都在加速远离地球，这意味着宇宙在不断膨胀。

3. 光谱分析法

通过分析光谱，科学家可以推断出光源的化学成分、温度、速度等信息。

现在，哈勃空间望远镜正在太空中调查星系，完善着对于宇宙膨胀速度的测量。(版权：NASA, ESA and A. Riess (STScI/JHU))。

微波揭露的秘密：宇宙大爆炸

1964年，美国新泽西州霍尔姆德尔的一台射电望远镜前，两个满头大汗的年轻人正围着望远镜巨大的天线绕圈子。其中一个人突然钻了进去，就像爬进了一个巨大的鸟嘴。

这两个看似古怪的年轻人是美国贝尔实验室的工程师彭齐亚斯（Arno Allan Penzias, 1933—2024）和威尔逊（Robert Woodrow Wilson, 1936—），他们正在合作使用射电望远镜探测银河系的无线电波。但这个号角状的天线发生了故障，无论朝向哪里，总有一个顽固的噪声在干扰。难道是天线内部出了问题？

现在，工程师威尔逊正在天线里面爬来爬去，像侦探一样不放过任何一个可疑的细节。突然，他发现了一个鸽子窝！

"该死的鸽子，噪音的来源一定就是它！"威尔逊一拍大腿，恍然大悟。

"没错。"彭齐亚斯立刻表示同意。

两位工程师果断拆除了鸽子窝，并将所有的鸟粪彻底清理干净。但当他们忙完这一切后，那该死的噪声不仅还在，反而更加清晰了！

一头雾水的两人还并不知道，他们正处于一个重大科学发现的边缘，一年以后，宇宙学这门学科将会彻底改变……

彭齐亚斯他们真倒霉呀。

不，恰恰相反，他们幸运极了。

Big Bang

在 20 世纪 50 年代，关于宇宙的起源一共有两种理论。一种是稳定态宇宙理论，它认为宇宙永远保持稳定，无论是在空间上还是在时间上都是均匀的。另一个理论，就是让人听起来更震撼的大爆炸理论。

还记得上一节我们讲到的 1929 年埃德温·哈勃发现宇宙在膨胀的那一刻吗？这个发现让比利时天文学家勒梅特（Georges Édouard Lemaître，1894—1966）激动不已。他开始大胆推测：如果宇宙一直在膨胀，那往回推，宇宙应该是越来越小，直到某个时刻，可能只是一个超级小而热的点，然后，这个点突然膨胀，有了空间和时间。

这个想法就是大爆炸理论的起源。一个著名的天文学家听说这个理论后，半信半疑，甚至有点嘲讽地说：“这不就是‘Big Bang’吗？‘砰’的一声，宇宙就出来了，真是滑稽！”但是，这个最开始带有贬义的词汇“Big Bang”（大爆炸），却在公众中迅速蹿红。

基于大爆炸的思路，物理学家乔治·伽莫夫（George Gamow，1904—1968）预测宇宙中应该还有一点点早期的余温。想象一下吧，宇宙像个巨大的火球，时间一长，它会变大、变冷。但只要还没冷透，它的内部应该还有个很均匀的温度。伽莫夫甚至算出了这个余温大概是 5 开尔文（K），但因为他用的一些初始数据不太准确，按照现在的数据重新算，应该是 2.7K，也就是零下 270.3 摄氏度，比绝对零度稍微高一点。

可惜的是，当时的技术还造不出能探测到这种微温的设备，所以伽莫夫的这个预言，只能沉睡在学术论文里，知道的人不多。

这张照片拍摄于 1933 年 1 月，勒梅特教授讲座结束后，三位科学巨头合影留念。从左到右依次为：罗伯特·密立根（Robert Millikan，1868—1953）：美国物理学家，加州理工学院院长，以研究光电效应和宇宙射线著称；乔治·勒梅特：比利时天文学家、宇宙学家，最早提出宇宙大爆炸理论的科学家之一；阿尔伯特·爱因斯坦（Albert Einstein，1879—1955）：犹太裔理论物理学家，相对论的创立者，被誉为 20 世纪最具影响力的物理学家之一。（公共版权）

全世界最幸运的工程师

时间来到 20 年后，也就是我们故事的开始，1964 年，贝尔实验室的彭齐亚斯和威尔逊想要探测一种从卫星反射回来的微弱的无线电波，却发现了一个烦人的噪音，就像收音机里的沙沙声。

他们把天线对准纽约市，发现这并不是来自城市的干扰。因为一年四季辐射都保持不变，这个辐射不可能来自太阳系，甚至不可能来自 1962 年的地面核试验——因为辐射尘埃也在逐年减少。

最后，他们认为问题可能出现在天线里的鸽子窝，于是设计了一个陷阱把鸟赶走，还花了好几个小时把鸽子粪清理得干干净净。但即便如此，噪音仍然存在。

就这样折腾了足足一年，在他们濒临绝望的时候，终于想到了打电话向距离他们仅有 50 多千米远的普林斯顿大学求助。接到电话的罗伯特·迪克（Robert Henry Dicke，1916—1997）教授听完这两个小伙子絮絮叨叨地说完这一年的经过后，叹了一口气，沮丧地对同事说："我们被抢先了。"

原来，在彭齐亚斯和威尔逊想办法与噪音斗争的同时，迪克教授正领导一个研究小组试图验证伽莫夫的预言——找到宇宙大爆炸的余温。他清楚地知道，他要找的东西已经被这两个幸运的糊涂蛋发现了。

彭齐亚斯和威尔逊站在 15 米高的天线旁（整个结构重约 18 吨，由铝制成，底座为钢制），正是这座天线成就了他们最著名的发现。（公共版权）

贝尔实验室彭齐亚斯的早期同事伊万·卡米诺（Ivan P. Kaminow）曾开玩笑说："彭齐亚斯和威尔逊寻找的是粪便，却发现了黄金，这与我们大多数人的经历恰恰相反。"

为什么它支持了大爆炸理论？

彭齐亚斯和威尔逊发现的，正是宇宙大爆炸理论的关键证据——宇宙微波背景辐射。为什么叫"宇宙微波背景辐射"呢？因为这种温度如此之低，再加上 138 亿年的漫漫征程，这些热辐射已经变成了波长为 1 毫米左右的微波——没错，就是现在"微波炉"一词中的"微波"。

宇宙微波背景辐射之所以能成为大爆炸理论最关键的证据，不仅仅是因为它证实了伽莫夫的预言，更重要的是：现在观测到的 3K 左右的温度，相当于无论你身处宇宙的哪个角落，每一秒钟，每平方厘米都会沐浴在大约 10 个光子的"细雨"中。宇宙这样大，根本不可能有任何一种辐射源能产生如此巨大的能量，这些热，或者说这些光子，只能是在宇宙诞生的时候同时产生的！

正是这样的发现，使得宇宙大爆炸理论不再是科幻想象，而是坚实无比的科学共识。在科学的世界里，不认权威，只认证据！

其实，在彭齐亚斯和威尔逊之前，许多理论和实验研究人员都偶然发现了这种现象，但他们要么忽略了它，要么从未将所有发现联系起来。在那个时候，早期宇宙的研究被广泛认为不是一位受人尊敬的科学家会花时间去做的事情。然而，现在事情完全变化了——宇宙大爆炸理论彻底站稳了脚跟，宇宙学这门科学，几乎在一夜之间从少数天文学家的专业领域变成了物理学中备受尊敬的分支学科。

现在，来听听大爆炸理论的具体内容：

在上百亿年前，宇宙中的所有物质都集中在一个至少比质子还要小 10 亿倍的点上，这个点被称为奇

具有讽刺意味的是，罗伯特·威尔逊接受的是稳态宇宙理论的教育（认为宇宙没有开端和结尾，与大爆炸理论完全不同），他对他们发现的无线电噪音的大爆炸解释感到不安。当他和彭齐亚斯共同发表他们的研究成果时，坚持"只陈述事实"——仅仅报告他们记录的观测结果。

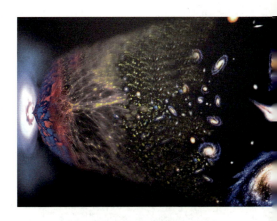

宇宙大爆炸（宇宙在暴胀阶段体积至少增加了 10^{78} 倍）

点——"奇怪"的"奇",就是这个点非常奇怪的意思。然后,在 10^{-36} 秒—10^{-32} 秒,这个短暂到不可思议的时间里,宇宙的体积膨胀了 10^{78} 倍。听上去好像很大,但其实这时候的宇宙也就差不多是一个足球大小。这段特殊时期被称为宇宙的暴胀期,在这之后,宇宙进入到了相对平稳而缓慢的膨胀中……

现在,想想吧,这个改变全人类认知的理论,竟然是由两个从未看过伽莫夫论文的人提供了证据。惊人的科学发现可能不是来源于预期,偶然性有时扮演着比计划更重要的角色。十多年后,彭齐亚斯和威尔逊因此获得了 1978 年诺贝尔物理学奖,这真是一个传奇的科学故事。

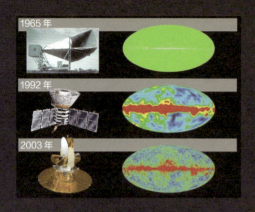

随着科学技术的进步,宇宙微波背景辐射图也越来越清晰(版权:NASA)

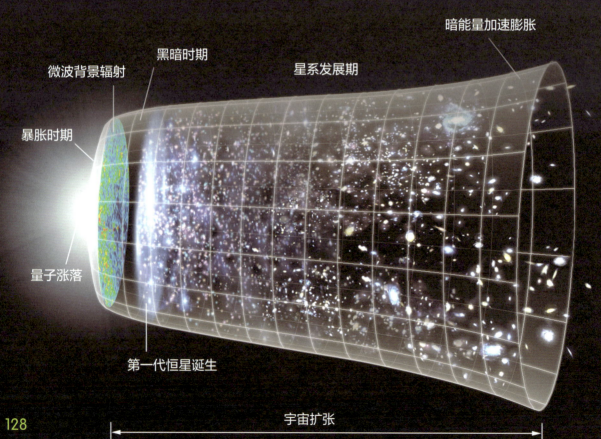

宇宙的生成

暗能量加速膨胀

黑暗时期

微波背景辐射

星系发展期

暴胀时期

量子涨落

第一代恒星诞生

宇宙扩张

138 亿年

想一想

请你猜想一下，在宇宙大爆炸的极早期（如暴胀期），物理定律是否可能与我们现在所知的有所不同？如果存在这样的差异，这对我们理解当前宇宙的物理规律会有什么影响？

知识卡

1. 大爆炸理论

宇宙起源于一个极小而热的点，随后迅速膨胀，形成了现在的宇宙。

2. 宇宙微波背景辐射

宇宙大爆炸后留下的余温，现今被观测到的温度约为 2.7k，这证明了大爆炸理论的正确性。

3. 宇宙膨胀

自大爆炸以来，宇宙一直在持续膨胀。

不断膨胀的宇宙（版权：Depositphotos）

Big Bang

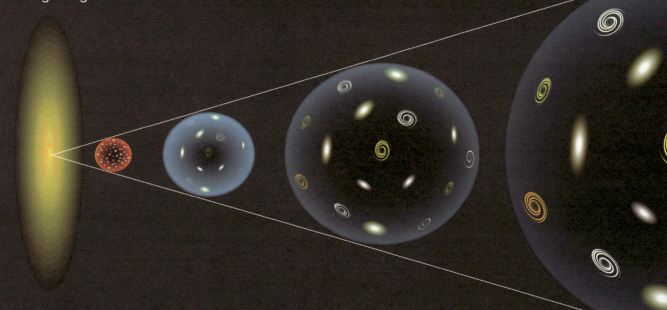

超越黑暗：在宇宙的"黑区"发现更多星系

为了争夺哈勃空间望远镜的观测时间，天文学家们每年展开激烈角逐，数千份申请中只有大约 15% 能获得批准。然而，空间望远镜科学研究所所长罗伯特·威廉姆斯（Robert Eugene Williams, 1940—）却拥有无与伦比的优势——他可以支配 10% 的观测时间，无须经过任何审批。

1995 年，威廉姆斯做出了一个令所有人震惊的决定：他要用哈勃空间望远镜连续 10 天观测大熊座中一个不起眼的"黑区"。什么是黑区？就是天空中看上去什么也没有、黑黑的一片区域。而且他选的地方非常小，只有 2.6 弧分（满月的十二分之一，全天空的 2 400 万分之一），就相当于你伸直手臂，把一颗鸡蛋举过头顶，它挡住的天区大小，那么一小块儿地方。

这个疯狂的计划遭到了几乎所有人的反对。他的同事们认为，这无异于浪费宝贵的观测时间，遥远的星系不可能明亮到足以让"哈勃"探测到。

但威廉姆斯并没有被吓倒。"委员会永远不会点头通过这样一个项目——耗时长，又可能没什么回报。但我有 10% 的时间，我可以做我想做的事。"为了证明自己的决心，他甚至向管理层承诺，如果观测失败，他将辞去所长职务。

城市里很难见到这么多星星。

想看星星，得去灯光最少的地方。

大胆的设想

　　一般情况下，哈勃空间望远镜拍一张照片，平均要曝光几个小时。但有一次，"哈勃"对着一个离地球 85 亿光年的星系团，持续曝光了 18 个小时，远远超出了常规的曝光时间。这张长时间曝光的图片刚好被威廉姆斯看到了。

　　他看到这张照片的时候，就忍不住笑了。照片中的星系真的非常可爱，小个头儿，歪七扭八的，就像正在发育中的小孩子一样，有一种稚嫩的美感。

　　原来，长时间曝光提升了画面的亮度，使我们看到了许多原本不会看到的暗淡、遥远的星系。

　　这让威廉姆斯有了一个大胆的设想：如果朝着宇宙中的一个方向，进行一次超长时间的曝光，是否会拍下一些

1986 年的威廉姆斯（46 岁）
（版权：NOIRLab/AURA/NSF，CC BY 4.0）

什么是长时间曝光？

　　其实，哈勃空间望远镜的相机跟我们的手机相机差不多，在拍照的时候，为了获取光线，它的镜头要打开又闭上，就像我们眨眼一样。它"眨眼"一次用了多长时间，就是曝光了多久。

　　想象一下，在大晴天，你的妈妈要给你拍一张你吃冰淇淋的照片，她的相机大概需要曝光 1/100 秒。没错，光线充足，只需要这么一点点时间，就能拍出自然明亮的照片。如果曝光时间过长，达到 1 秒，照片就会过度曝光——白花花的一片！

　　而在拍摄夜空的时候，情况就完全不同了。夜幕降临，星星点点，光线极暗，想要拍到清晰的图片，必须长时间曝光，就像"哈勃"——"眼睛"慢慢睁开，在浩瀚的宇宙中静静等待几个小时以后才闭上，一张照片新鲜出炉。

非常暗淡、非常遥远、以前从没有见过的星系呢？这会成为一份珍贵的"宇宙样本"！

当然，很多人对威廉姆斯的想法并不看好——大多数星系都非常微弱，比人眼能看到的亮度暗 40 亿倍，即使是最大的望远镜也从未观测到过，"哈勃"应该也不例外。

但那又怎么样呢？无论如何都要试一试，科学发现需要冒险！

要够黑！

于是，威廉姆斯组织了一个年轻的天文学家团队，其中很多是刚刚走出校园的博士生。这帮朝气蓬勃的年轻人投入了一年的时间，细心筛选理想的观测点。

到底选择哪里进行观测呢？原则很简单：黑！黑！还是黑！

没错，想要拍到最暗弱、最遥远的星系，就必须盯着最黑的地方拍。想一想，在灯光璀璨的城市，晚上你只能见到稀稀疏疏的几颗星星，而在没有灯光的乡村，你可能会见到壮丽的银河。一块"黑区"，可能会让我们发现前所未见的珍宝。

最终，他们把目光锁定在大熊座里面，离北斗七星的把手很近的一个位置。那里星光稀少，是全天空相对最黑的天区之一，在观测的几天里，太阳和月球也不会影响观测。这个空旷的、无人问津的角落就是理想的观测目标。

终于，在 1995 年 12 月 18 日，这场饱受争议的观测开始了。哈勃空间望远镜缓缓调整它的姿态，把镜头对准

在"哈勃深空场"出现之前，天文学家们通常会对自己发现的数据享有至少一年的专有权，这让他们拥有独自解开宇宙之谜的先机。然而，威廉姆斯和他的团队决定走一条不同的路，一获取数据就立刻公开，让全世界共享。威廉姆斯说："对我们每个人的科研生涯来说，独家掌握这些数据当然是件大好事。但科学数据应该是开放的，应该是大家共享的。"

威廉姆斯精心选定的天区。在随后的 10 天时间里，"哈勃"绕地球转了 150 圈，捕捉了 342 幅图像，每幅图像的曝光时长大约在 25 至 45 分钟。

　　紧接着，威廉姆斯和他的团队对"哈勃"传回的图像进行精心的处理，拼接、组合、上色，仅仅 17 天后，这张前所未有的图片就呈现在了全世界面前，它有一个好听的名字："哈勃深空场"。

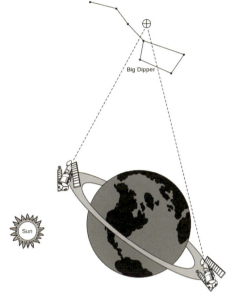

1995 年末，哈勃空间望远镜绕地球 150 圈拍摄"哈勃深空场"（版权：NASA）

针头大的地方

　　这就是著名的"哈勃深空场"。来吧，仔细地看看它。

"哈勃深空场"（HDF）（版权：NASA）

"哈勃深空场"的细节展示了遥远宇宙中发现的各种星系的形状、大小和颜色（版权：NASA）

漫游星空

1 000亿个星系是什么概念？在这个量级里，宇宙中所有恒星的数量相当于地球上所有沙子的总数，包括所有沙漠、海滩、河道等所有的沙子！虽然让人很难相信，但这确实是观测事实。

毫不夸张地说，当"哈勃深空场"横空出世的时候，整个世界都为之震撼。有人说它是对天文领域产生最大影响的图像之一，因为它又一次极大地推动了我们对宇宙的认知。

漆黑的背景上，散落着大大小小的光点，像宝石一样美丽，但你可能不明白它们到底意味着什么。让我告诉你，每一个光点，哪怕是最暗弱、最不起眼的一个小点儿，都是一个星系——像我们的银河系一样，包含上千亿颗恒星。

没错，仅仅在一个针尖大的地方，哈勃就拍摄到了超过3 000个星系！

要知道，当时的天文学家们普遍认为，已知宇宙中有大约100亿个星系，它们分布得很分散，很难把它们拍到一起，来张合照。而现在，这个数字必须要刷新了，如果这么一个小空间就拍到了3 000个星系，那么宇宙中可以观测到的星系总量将超过1 000亿个——直接提升了一个数量级。

没错，科学家从来不是自大的，只要证据足够强大，那么认知就可以刷新——没有什么权威，没有什么坚如磐石的定论，一切都取决于证据。而威廉姆斯也终于可以扬眉吐气，证明他的选择是对的！

HUDF

2012年，"哈勃"又发布了全新的"哈勃极深场"（XDF），英文是"eXtreme Deep Field"，也就是"极端深、特别深"的意思，里面大约包含5 500个星系，其中最古老的星系显示出它们在132亿年前的样子。（版权：NASA）

XDF

在"哈勃深空场"取得成功之后，2004年，"哈勃"发布了升级版本——"哈勃超深场"（HUDF）。所谓"超深场"，英文是"Ultra Deep Field"，就是"超级深"的意思。画面里大约包含10 000个星系。（版权：NASA）

134

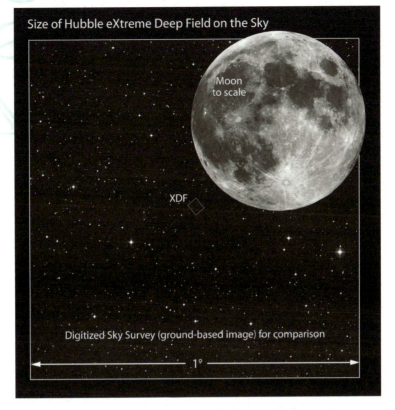

"哈勃极深场"（中间的 XDF）拍摄区域与月球尺寸的对比（版权：NASA）

 想一想

如果让你选择一个宇宙中的"黑区"进行探索，你会考虑哪些因素来确定观测点？

知识卡

1. 哈勃深空场

哈勃空间望远镜对大熊座中一个非常小且暗淡的天区进行长时间曝光的观测结果。

2. 长时间曝光技术

一种天文观测技术，通过增加曝光时间来捕捉更暗淡、更遥远的天体。

3. 宇宙星系的数量

宇宙中可观察到的星系数量远超之前的估计，可能超过 1000 亿个。

我们通过望远镜看到的，就是宇宙的全部吗？

答案是：不！

我们所能观测到的，仅仅是宇宙中的一部分，这一部分我们称为"可观宇宙"。

可观宇宙是什么？

想象一下，你坐着小船在海中漂荡，四周无边的海平线尽收眼底。这难道就是整个海洋的全部吗？当然不是！我们在宇宙里的场景也是一样的，我们能观察到的空间是有限的，只是宇宙的一部分。它好比一个以地球为中心的巨大气泡，而我们人类，站在气泡的中央往外看，无论怎样，也看不到气泡以外的空间……

可观宇宙有多大？

可观宇宙的直径大约是 930 亿光年——银河系直径的 93 万倍。你能想象在 1 米中，1 厘米有多小吗？好的，现在把这 1 厘米再切成 10 000 份，这大概就是银河系的直径在其中的位置。

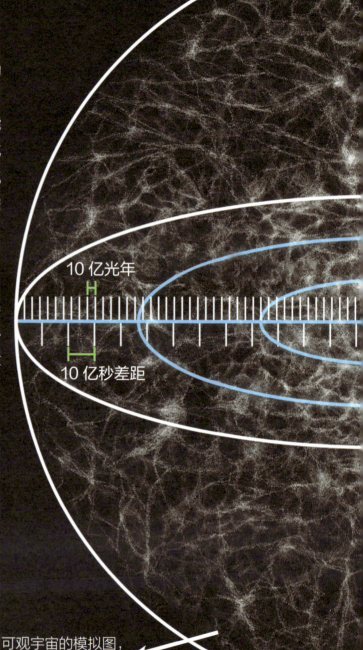

10 亿光年

10 亿秒差距

艺术家绘制的可观宇宙。太阳系位于中心，柯伊伯带、奥尔特云、仙女座星系、附近星系、宇宙微波辐射等位于边缘（非正常比例）（版权：Unmismoobjetivo）

可观宇宙的模拟图，中间为银河系

930 亿光年的直径是怎么算出来的？

科学家估计宇宙的年龄大约为 138 亿年。理论上，离我们最远的光，应该距离我们 138 亿光年这么远。但由于宇宙不断膨胀，这些光源实际上已经被带到了更远的地方。就像你在商场的自动扶梯上走路，哪怕你站着不动，扶梯也会带着你越走越远。就这样，可观宇宙的半径从 138 亿光年扩大到了 465 亿光年，直径也就是 930 亿光年！

930 亿光年
280 亿秒差距

宇宙到底有多大？

可观宇宙是有界限的，但宇宙本身并没有界限。从 20 世纪 80 年代末开始的观测表明，宇宙就像一张平铺着的纸一样，平坦极了。理论上来说，它可以往任何方向无限地延伸，如果一个航天员朝着宇宙的某个方向一直飞行，那他永远也回不到出发点，因为宇宙没有中心，也没有尽头。

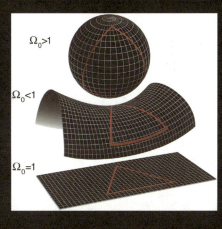

你可能会认为宇宙是球形的，因为我们居住的地球、我们看到的太阳和月亮都是球体。然而，天文学的观测数据揭示了一个不同的真相：宇宙实际上是平坦的。理论物理学提出了三种可能的宇宙几何形状（球形是其中之一），但最后的观测结果却表示，宇宙在大尺度上就像一张纸，平坦得不可思议，连微小的鼓包都没有。

宇宙无限，人类科学探索亦无限——

哈勃空间望远镜的继任者詹姆斯·韦伯太空望远镜拍下的一团几乎难以辨认的光斑，标记为 CEERS-93316。由于宇宙的膨胀，它距离我们约 257 亿光年，这是目前人类观察到的最早、距离最远的星系。(版权：NASA / STScl / CEERS / TACC / University of Texas at Austin / S. Finkelstein / M. Bagley.)

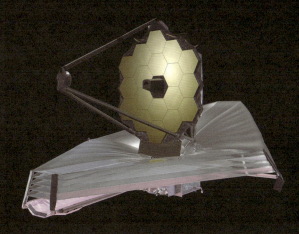

詹姆斯·韦伯太空望远镜（版权：NASA）

人类非凡的航天器

新视野号飞向冥王星的艺术图（公共版权）

新视野号

2006 年发射，它是人类发射过的初始速度最快的太空探测器，是第五个达到逃逸速度并离开太阳系的空间探测器。新视野号的主要任务是于 2015 年对冥王星系统进行飞掠研究，然后飞掠柯伊伯带。

太阳轨道飞行器

2020 年 2 月 10 日发射，任务目标是对内日光层和新生的太阳风进行详细测量，并近距离观察太阳的极地区域，这在地球上很难实现。

太阳轨道飞行器（Solar Orbiter）（公共版权）

天问一号

2020 年 7 月 23 日发射，被火星捕获后进入环火轨道。2021 年 5 月 15 日，天问一号所携带的祝融号火星车在火星着陆，这标志着中国成为继苏联和美国后，世界上第三个在火星着陆探测器的国家。

天问一号在火星轨道上的真实影像（由环绕器释放的一台分离式相机拍摄）（版权：Ling Xin/CNSA, CC BY 4.0）

天宫空间站

2021 年 4 月 29 日，空间站首个舱段——天和核心舱发射升空。中国的天宫空间站由五个模块组成：天和核心舱、梦天实验舱、问天实验舱、神舟飞船和货运飞船（天舟飞船）。这些模块既可以独立飞行，也可以与核心舱结合，形成多种空间组合。

天问一号着陆器和祝融号火星车在火星表面的真实照片（版权：中国新闻网，CC BY 3.0）

天宫空间站，天和舱位于中央（版权：Shujianyang, CC BY 4.0）

丛书主编简介

褚君浩，半导体物理专家，中国科学院院士，中国科学院上海技术物理研究所研究员，《红外与毫米波学报》主编。获得国家自然科学奖三次。2014 年被评为"十佳全国优秀科技工作者"，2017 年获首届全国创新争先奖章，2022 年被评为上海市大众科学传播杰出人物，2024 年获"上海市科创教育特别荣誉"。

本书作者简介

汪诘，职业科普作家，科普电影导演、编剧，中国科普作家协会会员，"科学声音"成员。代表作有《时间的形状——相对论史话》《时间囚笼》科普电影《寻秘自然》系列。获文津图书奖、百花文学奖等十余项写作荣誉；中国科普作协优秀科普作品（影视动画类）金奖、银奖获得者；喜马拉雅 FM 年度创作者、今日头条百万粉丝创作者。

刘菲桐，科普新秀，本科毕业于中国人民大学，"汪诘·科学有故事团队"成员，科教版、冀人版等中小学《科学》配套视频主创之一，创作短文百余篇。曾参与《地球的眼睛》一书集体创作，少儿科普视频《神奇动物》第一、二季的主创、编剧。

图书在版编目（CIP）数据

漫游星空 / 汪诘，刘菲桐著. -- 上海 ：上海教育
出版社，2025. 6. --（"科学起跑线"丛书 / 褚君浩主
编）. -- ISBN 978-7-5720-1077-4

Ⅰ. P159-49

中国国家版本馆CIP数据核字第20250N39D5号

策 划 人　刘　芳　公雯雯　周琛溢

责任编辑　荼文琼

整体设计　陆　弦

封面设计　周　吉

本书部分图片由图虫·创意、壹图网提供

"科学起跑线"丛书

漫游星空

汪　诘　刘菲桐　著

出版发行　上海教育出版社有限公司
官　　网　www.seph.com.cn
地　　址　上海市闵行区号景路159弄C座
邮　　编　201101
印　　刷　上海雅昌艺术印刷有限公司
开　　本　889×1194　1/16　印张 9.25
字　　数　152 千字
版　　次　2025年6月第1版
印　　次　2025年6月第1次印刷
书　　号　ISBN 978-7-5720-1077-4/N·0008
定　　价　69.80 元

如发现质量问题，读者可向本社调换　电话：021-64373213